广州市科学技术协会
广州市南山自然科学学术交流基金会　资助出版
广州市合力科普基金会

小虎历险记

徐龙辉　潘志萍　著

中国林业出版社

图书在版编目(CIP)数据

小虎历险记 / 徐龙辉, 潘志萍著. -- 北京：中国林业出版社, 2019.6
ISBN 978-7-5219-0102-3

Ⅰ. ①小… Ⅱ. ①徐… ②潘… Ⅲ. ①野生动物－儿童读物 Ⅳ. ①Q95-49

中国版本图书馆CIP数据核字(2019)第112997号

中国林业出版社·自然保护分社（国家公园分社）
责任编辑：肖 静 严 丽

出　版	中国林业出版社（100009 北京西城区德内大街刘海胡同7号）
网　址	http://www.forestry.gov.cn/lycb.html
电　话	(010) 83143577
印　刷	固安县京平诚乾印刷有限公司
版　次	2019年6月第1版
印　次	2019年6月第1次
开　本	787mm×1092mm　1/16
印　张	7.5
字　数	90千字
定　价	45.00元

自 序

我一生研究野生动物，曾撰写了几本野生动物的科普书，有关老虎的就出版了《老虎探秘》和《老虎的故事》两种。我的科普写作启蒙老师——历史学家袁钟仁教授见我长期与野生动物打交道，积累了丰富的动物学知识，建议我为小朋友写书。他说："据有关专家研究，从幼儿开始到小学阶段，是孩子个性形成和矫正的关键时刻。如果在这个阶段家长能够对孩子进行正确的引导和教育，孩子的个性以及行为习惯方面就会进入一个良性循环。反之，如果错过了这个'最有效的教育期'，即使付出十倍的努力，也极有可能是无效的。小孩子喜欢看童话故事，从故事中得到启发和教育是最好的幼儿教育形式之一。"

用童话故事的形式写科普，是我的初次尝试。能否写出少年朋友们喜爱的读物，我心中无数。故完成初稿后上网发给我的几位小朋友，没想到反响不错。大学一年级学生张楚舒评论道："打开这本书有种熟悉而亲切的感觉，像是回到了童年时代，似曾相识又不尽相同，不容置疑这是一本好书。"

本书以小虎为主人公，以小虎成长的经历为线索，展示了虎的生活习性和青蛙、蟒蛇、穿山甲、蝙蝠、狐、水鹿、云豹、野猪、麝、熊、猴和鹰等多种野生动物的自然特性，将严谨的科普知识与生动的故事情节结合起来，寓教于乐，语言诙谐生动，充满童趣。例如，住在地下的鼹鼠小弟，被小虎和野猪打斗震动地面的响声吵了一整个上午，走上地面向它们喊道："喂！两位大哥，你们不要打啦。猪大哥，你是老实人，做王不做王，你都是吃地瓜、木薯和树根，难道你还想吃老虎肉吗？"充分体现了鼹鼠温和、息事宁人的性格，而"老虎肉"又易使人联想起"唐僧肉"，让人会心一笑。文后的爷孙间对话亲切自然，在不知不觉中读者就读懂了小故事中的精华，获得启发。

  本书的特点在于把科普知识与童话结合在一起，让小朋友在阅读的过程中轻松获得知识，加深对动物的理解，有利于促进人与自然的和谐关系。相信小读者看后，会随着小虎的成长而成长，心智得到提高。本书的知识涵盖面广，不仅是献给小朋友的一件珍宝，更是希望成为各年龄阶段读者的良师益友。

  我的老师、书画家陈可盘先生看过我的书稿后，认为这是一部动物知识丰富、充满童趣、富有教育意义的童话故事，自愿帮我绘制插图。为了使故事更加适合儿童的兴趣，更加生动有趣，特邀黄智霖同学参加部分写作并为全书提供宝贵意见。特此感谢！

徐龙辉

2018 年 12 月

目 录

自序

序幕 · · · · · 1

船遇险，小虎流落他乡 · · · · · · · · 3
山湖边，巧遇青蛙王子 · · · · · · · · 8
为学艺，小虎虚心领教 · · · · · · · · 12
密林中，小虎力战狐狸 · · · · · · · · 16
念猴妈，小虎勇救猴王 · · · · · · · · 21
为报复，狐群围攻小虎 · · · · · · · · 24
夜行猎，小虎血溅豪猪 · · · · · · · · 28
不识鹿，小虎初尝苦果 · · · · · · · · 32
不服输，小虎再战水鹿 · · · · · · · · 36
睡野外，初试伏击战术 · · · · · · · · 39
寻小虎，猴妈结识雄鹰 · · · · · · · · 42
保羊群，小虎血战群豺 · · · · · · · · 45
枣树下，小虎险遭蟒害 · · · · · · · · 48
穿山甲，用计巧戏猛虎 · · · · · · · · 51
野猪林，小虎大战野猪 · · · · · · · · 55
逛石山，小虎巧遇香麝 · · · · · · · · 59

折枝声，引来虎熊相会 · · · · · · · · · · 63
密林中，云豹奉承小虎 · · · · · · · · · · 67
野果山，小虎听猴诉苦 · · · · · · · · · · 71
被蛇伤，猕猴采药施救 · · · · · · · · · · 74
为报复，獴哥大战毒蛇 · · · · · · · · · · 77
住山洞，黑叶猴躲灾难 · · · · · · · · · · 80
原始林，小虎大开眼界 · · · · · · · · · · 83
听猿啼，小虎寻访歌手 · · · · · · · · · · 87
想不到，植物也开杀戒 · · · · · · · · · · 90
丛林中，小虎重见雄鹰 · · · · · · · · · · 92
宿果林，蝙蝠屎淋小虎 · · · · · · · · · · 95
土蜂山，群燕助虎闯关 · · · · · · · · · · 98
鹰大王，夜晚谈猫头鹰 · · · · · · · · · · 101
狼牙山，猴助虎智胜狼 · · · · · · · · · · 104
花豹山，鹰猴助虎擒豹 · · · · · · · · · · 106
会大象，朋友与虎惜别 · · · · · · · · · · 110

序　幕

在东北地区的茫茫林海中，白雪皑皑，有三位身穿皮衣、头戴皮帽、脚蹬棉鞋、手持猎刀和长矛的猎人在雪地上搜索前进。走在前面的猎人身材高大，手持一把长长的三叉戟。后面跟着的两位比较矮小，各持一把闪亮的长柄尖刀。他们在密林中不紧不慢地走着，还不时停步蹲下观看地面，像是寻找什么丢失物。不久，他们发现了雪地上的老虎足迹，大喜。原来，他们是一支猎虎队伍。虎迹还没有完全被雪覆盖，说明老虎刚刚走过。于是，他们立即跟着老虎的脚印寻找。

这是一只正在哺育虎仔的母虎。东北虎自以为是森林中的王者，虽然对人

三位猎人杀母虎

1

类有点敬畏，但并不害怕。带仔母虎为了保护幼仔，都有一定的警戒范围。三位猎人跟踪虎迹很快到达母虎的警戒区。母虎见猎人到来便怒目而视，伏地向三人发威，露出雪白、锐利的虎牙，全身体毛竖起（俗称放王），摇动铁棒般的虎尾，铁钩般的利爪出鞘，企图吓唬来人。走在前面的猎人见母虎发威，先是停步观察，继而提戟步步逼近。母虎见吓不住猎人，立即跃起扑向猎人。猎人见老虎扑来，即刻用戟叉顶住母虎的胸部，使老虎的前身悬空，虎头挂在三叉戟上，虎爪无法抓到猎人。后面两位持利刀的猎人快速上前对准虎心位置刺进去。几十秒钟就结束了虎命。猎人将这只母虎抬回村中，剥皮时发现有乳汁，知道这只母虎正在哺育幼虎。猎人回山寻找，把幼虎捉回来。幼虎没有看见母亲被人猎杀的情景，见人并不害怕。猎人见它长得胖乎乎的，非常可爱，不忍宰杀，就带去市场叫卖，随后被一位南方的富商买去。

船遇险，小虎流落他乡

把幼虎买去的商人原准备回到南方家里把它杀掉泡酒。谁知他乘坐的那一艘商船到南海接近珠江口时，突然狂风大作，商船不幸沉没，幼虎和商人各自逃生。野兽天生会游泳，幼虎见海上漂来一块木板，便爬了上去，在海上漂泊了几天，又冷又饿，幸亏被一位打鱼的船主发现了，把幼虎救上了船。

渔船上养着一只守夜的狗，它见幼虎又瘦又小，以为是一只遇难的猫，就上前恐吓、欺负它。幼虎并不理睬，因为它在海上漂流了几天，没有吃、没有喝，体力很差。渔民见幼虎长得十分可爱，便经常拿好吃的鱼啊、肉啊喂它。几天后，幼虎就恢复了体力，精神焕发。有一天，狗又像往常一样前来欺负幼虎。这时，

小虎在海上漂泊，被渔民救起

恢复了体力的幼虎发威对抗，只见它张开嘴，露出利齿，竖起体毛，咆哮一声，用利爪直接抓向狗的脸。狗痛得汪汪哀叫，满脸流血。幼虎哈哈大笑，说："狗老弟，俺不发威你当俺是猫呀。"狗捂住自己不断溢出鲜血的脸说："你不是猫是什么？"狗还不认识虎仔，因为当时南方还没有虎，它不知道虎是啥模样。

"嘿嘿，俺是老虎的儿子。俺还没有长大，要是俺长大了你就没命啦！"

"噢！真是对不起！因为你的样子实在太像猫了。"狗哭丧着脸回答道。虽然狗还没有见过虎，但是也听说过虎的威风，所以连忙一边道歉一边解释。

"猫是我的堂兄弟，当然长得像呀！我们不但外貌像，牙齿和趾、爪都一模一样，只是大小不同而已。"

"就是嘛！你还没有长大，难怪我把你当猫哩！"狗抓抓自己的后脑勺，很不好意思地笑了。

把虎当猫，误会一场

虎猫结伴

从此,狗不但不敢欺负幼虎,连在船上守夜听到有动静都不敢吠一声。渔民发现狗受到幼虎的威胁后,龟缩在一旁,不敢开声吼叫,在船上失去作用,却又不愿把活泼可爱的小虎杀害,只好把幼虎送给住在深山的一位亲戚。

山里的亲戚家里养了一只猫和一只母猴。母猴见到幼虎活泼可爱,立即上前抚摸爱怜,还问幼虎叫什么名字?幼虎答道:"俺是东北虎的儿子,还没有名字。"母猴说:"就叫你小虎吧。"小虎见母猴慈善,对自己百般疼爱,俨如母亲,就称它"猴妈"。小虎又对家中的猫打招呼:"猫兄弟,你好吗?""还好,你是谁呀?""俺是东北虎的子孙。""噢!虎兄弟,你们不是住在东北吗?""是呀,只因俺命运多舛,俺的母亲被人捕杀了,俺又刚刚断奶,无力抵抗,被人捉去卖给了一位商人。那位商人准备带俺回他在南方的家,谁知中途遇上风暴,船沉了,俺被你家主人的亲戚救起,现在又来到你家。"小虎回忆着伤心的过去,黯然神伤,一边抹去眼角的泪水,一边向小猫介绍自己不幸的过去。

猫听了,连忙安慰小虎说:"虎兄弟,没事。以后这里就是你的家。有我

猫不想教小虎爬树

陪着你呢。"猴妈也一边流泪一边抚摸小虎说:"小虎,不用伤心,你就把我当作你的妈妈吧!我一定会好好保护你,爱护你!"

小虎听了十分高兴,说:"好。以后你就是我的妈妈。"又对猫说:"我们就是两兄弟了。"

猫听了兴奋得跳起来,说:"太好了,这下我可有伴了,再也不会受到狗的欺负了。"

此后,小虎就和猴妈、小猫同在一家生活。猫要教小虎捕鱼和捉老鼠,但小虎对捉老鼠不感兴趣。兄弟俩天天在一起玩耍,难免有面红耳赤争执的时候。小虎想欺负猫时,猫就立即爬上树躲避,使小虎无可奈何。因此,小虎很想向猫学习爬树的本领,但猫觉得小虎的眼睛充满杀气,发脾气时对自己下手很重,心想:"如果教会它上树,以后它要欺负自己时还怎样躲避呢?"因此一再推诿,不肯教它。

日渐长大的小虎食量很大,吃不饱就到外面去抓鸡捉鸭吃,给主人惹了不少麻烦,只住了几个月就被主人赶出家门。那时,小虎还不到一岁。猴妈同情小虎,生怕小虎在野外难以生活,便随小虎一起离家上山。

小虎被主人赶出家门

对话趣谈·爷孙对话

- :爷爷,既然我们南方的老虎是从东北过来的,为什么又叫华南虎?
- :东北虎在南方生活了很长时间以后,会受南方气候和环境的影响,外表(如身体的大小、体毛的长短和颜色等)产生一些差异,形成了有本地特点的一个亚种(华南虎)。现在的东北虎的体型就比华南虎大,毛色较浅淡。
- :爷爷,世界上有多少种老虎?都分布在什么地方?
- :老虎只有1种和8个亚种(孟加拉虎、东南亚虎等都是亚种名),它们仅在亚洲才有分布,我国除台湾和海南岛外,其他地方都曾经有过老虎生存。
- :爷爷,为什么小虎称猫是堂兄弟?
- :因为猫和虎同属猫科,亲缘关系很近啊。
- :哦,我明白了。

山湖边，巧遇青蛙王子

　　小虎被主人赶出家门，十分沮丧，虽然有猴妈的陪伴，但是仍垂头丧气，没精打采。它走进茫茫林海，现在没有主人的关照养育，真不知如何是好。回想在主人家中饭来张口、不受风吹雨打的安逸生活，后悔自己太过任性，不听主人的管教才招致今日的苦难。猴妈见小虎蔫蔫的样子，劝慰道："小虎，不要泄气！既然离开了家，来到深山野岭，就要想办法生活下去。你是东北虎之后，有王者的血液，必须立志在南方做一番事业，历练自己，力争做南方森林动物之王。"

　　小虎听了猴妈的劝说，觉得十分有理，一生在世，就是要有理想，要为自己的远大理想去行动，去奋斗。猴妈上了山，离开了人类的管束，自由自在，还可以取食各种野果，十分惬意。小虎不食果子，找不到食物，又饿又累。晚上，小虎和猴妈随便找了一处能够遮风挡雨的地方躺下，却无法入睡。小虎见猴妈已经睡着，便走到外面，望着星光闪烁的天空，左思右想，禁不住内心惶恐不安。不久，风云突变，星光熄灭，天空一片黑暗。这一夜，又刮风又下雨，小虎害怕极了，心想：等明天一早我还是回家给主人认错得了，免得在外面过如此辛苦的生活。正在这时，小虎看到一只蜘蛛在一棵树的树枝上织网，雨点把蜘蛛网打坏了，它还是继续织；风一阵接一阵吹来，几次把小蜘蛛吹落在地，只见小蜘蛛一次次重新爬起来，继续上树去织网。看到这里，小虎惭愧极了！心想：这么小的蜘蛛都不怕困难，坚强同风雨斗争；我堂堂老虎的儿孙，生活在世上，决不能做一个窝囊废，必须像猴妈教诲的那样，做一番事业，才不枉此生。小虎下定决心，要勇闯世界，不再回家过安闲的生活。

　　第二天，小虎告别猴妈，一早就到林中寻找食物，发现林中草地上有不少野兔的粪便，知道此地是野兔取食青草的地方。于是，小虎就设法捕捉兔子来充

山湖边，巧遇青蛙王子

饥。兔子的繁殖能力很强，一年可以产二三胎，一胎有五六只幼仔，所以数量不少。但是，野兔时常被狐狸捕食，警惕性很高，一群野兔觅食时必有一只头领在放哨，一有风吹草动，放哨的头领惊叫一声，众兔便飞跑逃入地洞中躲藏起来。

由于初次捕捉野兔还没有经验，加上野兔的机敏，小虎经常扑空。虽然小虎有着一副利齿和利爪，但在灵活的兔子面前很难发挥。狐狸是利用团队围捕，常常五六只或十多只一起狩猎，就能猎捕到野兔。小虎想：自己是孤身作战，只能用潜伏接近的伏击方法。但在草地上潜伏前进却很少有高草丛或矮树木遮掩，一旦出击，很快会被野兔发现，难以接近。它回去把外出觅食的困难情况告诉猴妈，猴妈听了，说："如此看来，你必须学会纵跃技术，用出其不意、几步跳跃捕杀的方法才能捕捉到野兔。"

小虎说："猴妈，这种纵跃技术要到哪里才能学到呀？"

猴妈说："据我所知，青蛙是最好的跳跃能手，你不妨到山湖边的草地上去寻找青蛙，设法拜它们为师。"

小虎来到森林中的一座湖边，见湖水清澈，鱼儿在水中自由自在地游弋。湖面上空，一群水鸭在低飞盘旋，发出呱呱的欢叫，或许它们已经在空中看到了湖中的鱼群，庆幸找到了一个寻找食物的好地方。小虎摸摸自己扁瘪的肚子，然后利用猫兄弟教授的捕鱼技术，下水去捉鱼。它没有花多久时间就捉到几条大鱼，填饱肚子后，便怡然自得地到湖边的草地上散步。突然，一只青蛙被惊起，纵身一跳，离开小虎十多米远，把小虎吓了一跳，心想：这个小家伙真厉害，一步就"飞"出了那么远，如果我有这个本事，捕捉野兔就不难了。小虎满脸堆笑前去招呼青蛙，说："小东西，你叫什么名字？"

青蛙很不高兴地反驳道："我不是小东西，我是青蛙王子。"只见这只青蛙王子独坐湖边如虎踞，大树荫下养精神。小虎满脸赔笑说："噢！原来是青蛙王子，失敬了。你是王子，那么你的父亲就是青蛙国王啦。"青蛙王子骄傲地答道："是呀，你不相信吗？"小虎有点怀疑地"唔"了一声。青蛙王子见小虎不相信自己是王子，便"呱呱"大叫两声，草地上、树上和湖水里突然跳出许多色彩艳丽、大小不同的青蛙，一齐围坐在王子的周围，齐声说道："王子有何吩咐？"青蛙王子说："没有什么，我只是想叫你们出

青蛙

青蛙王子呼叫众青蛙前来听命，小虎一旁观看

小虎对青蛙王子说："你真威风！真是一呼百应呀！"听到小虎的恭维，小王子更加得意地说："春天我不先开口，哪个蛙儿敢作声？"小虎见青蛙王子个头虽小，却显得很有霸气，心中十分敬佩，又问青蛙王子："那些不同颜色的青蛙也归你管吗？"

"是呀。虽然它们都是青蛙，但种类不同。你看，那些手、脚趾端膨胀成一个小圆盘（吸盘）的是生活在树上的树蛙，专吃树木上居住的虫子；那些手、脚趾之间长有像鸭脚蹼的是生活在水草边的青蛙，专吃栖居水中的害虫。站在这里的青蛙就有十多种。它们都和鸟儿一样专门捕食树上、地下、水草中的害虫，保护森林不受虫害。"小虎对青蛙王子说的有些怀疑，问道："站在树叶上的昆虫，树蛙都可以吃到吗？你看，有一只蝴蝶停在那树叶上，你叫树蛙去吃给我看。"

青蛙王子马上叫一只树蛙前往捕捉。但见树蛙几步跳跃到树下，纵身一跳就"飞"上去把蝴蝶含在口中，自己却稳稳当当地粘贴在那片树叶上，直把小虎看得瞠目结舌，竖起大拇指说："真了不起！"回头指着那些脚趾间长蹼的青蛙说："它们真的能在水中捕捉昆虫吗？"

青蛙王子更加得意地说："这是我们最拿手的活儿，你看，湖中有许多蜻蜓的幼虫，蛙儿们，下水去捕食它们。"王子一声令下，十几只青蛙跃入水中，个个像箭一般扑向目标。

树蛙

小虎看着青蛙们在水中捕食昆虫的精彩表演，高兴得鼓起掌来，说："如此看来，你们都是深受人类欢迎的动物啰！"

青蛙王子得意地答道："当然啦！我们在农田里捕食许多危害农作物的害虫，保护农业生产，农民伯伯都宣传不要捕捉我们，国家还立法保护我们呢。"

小虎听得连连点头，直说："失敬！"还讨好地对青蛙说："青蛙王子，刚才见到你们个个都是跳跃高手，一步就跳出那么远，使我十分羡慕。我叫小虎，我们交个朋友好吗？"小虎向青蛙王子道出了本意。

"交朋友？"青蛙以为自己听错了，问道。

小虎知道青蛙不理解，又笑眯眯地答道："是呀！我和你交朋友，可以吗？"

"我这么小，你那么大，你不把我吃掉就谢天谢地啦，还说交朋友？"青蛙王子感到不可思议。

"青蛙王子，虽然你的个子比我小很多，但你有跳跃的好本事就值得我向你学习呀！"小虎真心诚意地说。

"你要我教你跳远吗？"青蛙王子有些惊讶。

"是呀，你刚才那一跳不但跳得很远，而且姿势很优美。我看着真是十分羡慕呀！"小虎又添油加醋地说道。

小虎如此吹捧青蛙王子，能否博得青蛙的欢心，与它交上朋友？

对话趣谈·爷孙对话

：爷爷，为什么生活在树上的蛙脚趾头有膨胀成圆形的吸盘呢？

：那些在树上生活的树蛙有了吸盘就可以在树枝、树叶上行走自如，不用担心会从树上掉下来呀。

：噢！所以您刚才说树蛙倒挂在树叶上，是因为它用吸盘吸着树叶倒吊在树叶背面。那生活在水中的那些青蛙脚趾间就必须具有像鸭子那样的蹼才能游泳，是吗？

：是的，你真聪明！说明你是用心听了我讲的故事了。

：我不但认真听故事，我还要向小虎学习呢！

：是呀，小虎是东北虎的子孙，它能够放下架子，拜青蛙为师就值得学习！

为学艺，小虎虚心领教

青蛙听小虎如此吹捧自己，心里乐滋滋的，但是见到小虎个头硕大，满口利牙，又担心有诈，不知如何是好。青蛙仔细察看时发现小虎的脸上有许多小虫子飞来飞去，有些还停在小虎的眼睛和鼻孔周围，便心生一计，说："教你一招可以，但你要答应我一个条件。"

"什么条件？你说。"小虎见青蛙开始松口，高兴地回答。

"请你蹲下，闭上眼睛，耳朵不要扇动，不要赶走虫子，让我去吃一个饱。"青蛙认真地说。

小虎向青蛙王子拜师

青蛙在小虎头上捕食虫子

小虎听青蛙说想吃虫子,高兴地说:"你帮我吃掉老是在我眼前飞来飞去的讨厌的虫子,我巴不得呢。来吧!"小虎立即蹲下,把眼睛闭上。不一会儿,十多只小虫子便叮在小虎的眼睛周围,尽情地吸吮。

青蛙见状,本想一跃前去吃虫子,但细心思索,又觉得有点冒险,万一小虎张口咬住自己,岂不是白白送命吗?青蛙又对小虎说:"我到你脸上吃虫子的时候,你可不要睁开眼睛哟,要是我看到你的眼睛闪动,我就会掉下来的。"

"我保证一动不动,你就放心吃吧。我讨厌死那些小虫子啦。况且你的个头那么小,

青蛙从小虎头上跳开

放进我的嘴里还不够填牙缝哩。"听完小虎这么说,青蛙便解除了戒备,一跃"飞"到了小虎的额顶,同时向小虎的脸上伸出长而黏的舌头,把虫子一个个粘在舌头上,卷入口中,吞进肚子里,津津有味地享受美餐。

青蛙把叮在小虎脸上的虫子全部吃掉后从小虎头上跳开,对小虎说:"虎大哥,我吃饱啦!"

"好呀,吃饱了就教我跳远吧。"

"虎大哥,我开始教你啦!"。青蛙蹲在离小虎十多米远的草地上。

小虎认真站立答道:"好的。"

"你要听我的口令,按照口令认真去做,行吗?""当然行呀,要学技术就一定要认真听师傅的话,对不对?"青蛙频频点头,喊道:"开始,立正!"小虎四肢站得笔直,聚精会神地听青蛙喊口令。

"蹲下。"青蛙又说,"不是四肢蹲下,而是前足站立,后肢蹲下。"

小虎乖乖地按照青蛙的口令去做,真像一位认真听课的小学生。

"后足用力向后蹬,把整个身体向前推。使劲,使劲。"刚说完,小虎便跳出去了,却只跃出两三米远。青蛙对小虎说:"虎大哥,我都还没有叫你跳,

青蛙教小虎练习跳跃技术

你怎么就跳出去了！"小虎不好意思地挠了挠头，笑着说："噢！对不起，我有点紧张，再来一次吧。"

青蛙再次发出口令："预备，蹲下，使劲，使劲，再使劲，跳！"小虎依令跃出，比上次远了好几米，如此反复练习，累了便坐下来休息。小虎有点饿了，就去湖里捉鱼吃。天天如此，一个星期后，青蛙对小虎说："你已经练得差不多了，回去继续练，练到后脚比前脚长就可以了。"

"为什么要后脚比前脚长呀？"小虎不解地问。

"后脚长说明你时常用后脚使劲。经常运动的器官一定会比少运动的器官发达。你不是看到我的后脚比前脚大很多、后腿比前腿长很多吗？"

小虎说："你们的后腿不但比前腿长，而且还比前腿粗壮。"

"是呀，虎大哥，你已经学会了跳跃，我也吃饱了小虫，我回王宫去了。"青蛙王子说完便跃入湖中。小虎目送它箭一般蹿出去，消失在幽深的湖水底层，便依依不舍地离开美丽的山湖，走进茫茫林海去寻找猴妈。从此，小虎在猴妈的监督下，苦练跳跃扑击技术。

对话趣谈·爷孙对话

：爷爷，是不是老虎的后腿真的比前脚长？

：是呀，这就是"用进废退"的道理。乖孙，等你长大了，到动物园去看老虎就明白了。

密林中，小虎力战狐狸

小虎回到猴妈身边，猴妈笑问小虎："今天找到青蛙了吗？"小虎高兴地答："不但找到青蛙，还遇到了青蛙王子呢！"猴妈惊喜道："真的呀！它长得很帅吧？""是的，比其他青蛙帅多了，但我更羡慕的是它的权力。""噢，它有什么权力？说来听听！"

小虎把青蛙王子如何呼唤众青蛙前来，叫树蛙上树捕捉蝴蝶，令青蛙下湖水中捕捉水生昆虫等事绘声绘色地讲给猴妈听，还向猴妈提出了不解的问题，比如，为什么上树的青蛙手脚趾膨胀成吸盘，下水捕捉水生昆虫的青蛙脚趾间长蹼等。猴妈都一一耐心地回答，使小虎学到了不少科学知识。

猴妈要小虎拜青蛙为师，学习跳跃之术，其目的不在于学习跳跃，而是想磨砺小虎，培养它广交朋友、虚心向能者学习的优良品德，打掉它的娇、骄二气。因为猴妈知道小虎是东北虎的后代，具有王者的基因，但它脱离了父母的教导，没有人引导教育，优良品质难以发挥出来。

猴妈深知自己不可能长期陪伴小虎，一两年后，小虎长大了，力气长足了就会离开自己，横行森林。目前要做的事是教育小虎如何在没有主人和父母的帮助下独立生活，做个好虎，将来可以成为比较善良的"南霸天"。虽然不可能改变它杀戮食肉的习性，也要让它知道不要"滥杀无辜"。

小虎师从青蛙，已经学到了基本的跳跃扑击技术，回来后又在猴妈的严格监督下练习了十多天，急着要到森林中寻找野兔，检验自己学习到的扑击技术。一天早上起来，小虎对猴妈说："我许久没有开荤了，肚子饿得很，想到密林草地寻找兔子开斋去。"猴妈嘱咐一声："小心！早去早回。"小虎应道："好嘞！"便四脚腾空，向有野兔觅食的草地飞奔而去。正在吃草的兔子们远远看见小虎便四散奔逃，一个个跑进地洞躲藏起来。小虎无可奈何，只好偷偷把自己隐蔽起来，守株待兔。

野兔们许久不见小虎的踪影，以为它已经到别处去了，便一个个小心翼翼地走出地洞，到地面吃草。小虎看见兔子出来，垂涎三尺，恨不得马上去捉一只来充饥。但小虎为了试用刚刚学到的扑击技术，只好小心藏在草丛中，不敢乱动，让野兔们放松警惕，像往常一样在草地上觅食。

一会儿，一只兔子边吃草边向小虎隐藏的地方移动，全然不知危险近在眼前。小虎屏住呼吸，静伏不动，待兔子来到离自己十多米远时，一跃而出，把兔子生生地按住在地上，随后便美滋滋地吃了起来。

小虎第一次扑击野兔成功，十分兴奋，此后，就更加勤奋练习跳跃，捕捉兔子的技术也日渐熟练，几乎每次出猎都有收获。它的体格也逐渐强壮起来，长得比家犬稍大了一些。

在小虎捕捉野兔的这片森林里，住着一家狐狸，头领名叫南狐，它们主要

小虎伏击野兔

靠捕捉野兔为生。眼看自己的食物被一只来历不明的捕猎者抢走，南狐内心十分不满，但见小虎身强力壮，还有一副比自己更加强大锐利的牙齿和指爪，四肢的肌肉结实有力，又有一套飞跃的本事，深感不是它的对手，不敢与它单打独斗，只能眼睁睁地看着属于自己的食物被小虎抢去，很不服气。南狐与妻子商量："老婆，我们地盘中的野兔被外来者吃得越来越少了，我不甘心！""不甘心又能怎么样？"妻子问。

"虽然我自己打不过它，但是还有你和六个长大了的孩子，我们可以联合起来对付它，把它赶出我们的领地，叫它离我们这片林子远远的。"

第二天，南狐一家八口去找小虎。正在林中休息的小虎突然听到一群狐狸的呐喊声，起身看个究竟。南狐见到小虎便大声呼喝："喂！你是谁？胆敢到我南狐的地盘来抢食？"

"我是东北虎的儿孙，流落到南方的森林，打扰你们啦！"小虎客气地答道。

"什么东北虎，没有听说过。你赶快离开这里，不要与我们争食，不然就对你不客气了。"南狐毫不客气地对小虎下逐客令。

小虎说："狐兄，我刚刚来到这片森林，所有地盘都给你们占领了，难道我就不要生活了？"

南狐大声答道："你的死活我管不了，总之你寻食走远一点，不要在我们的地方赖着。"

小虎听了生气道："你们这些狡猾的狐狸，我不惹你们，你们却找上门来了。好啊，来吧，可别怪我不客气！"小虎怒气冲冲，一个跳跃就到了狐狸们面前，二话不说冲过去抓住一只小狐狸开口咬去，正好咬到了致命的喉咙，被咬的小狐狸连喊一声"救命"都来不及，就死去了，其他小狐狸受惊，一哄而散。

两只大狐狸见此情形，体毛竖起，分别站到小虎左右，作出夹攻的阵势。同时嘴里露出锐利的牙齿，发出嗷嗷的叫喊声。

小虎见状并不害怕。它也张嘴露牙示威，做出"放王"（把全身体毛竖起来）的姿态威吓对方，看上去整个身体几乎大了一倍，一声怒吼，便向母狐扑了上去。母狐本以为自家狐多势众，可以

密林中，小虎力战狐狸

小虎力战群狐

把小虎镇住，没想到小虎主动发起进攻，使自己措手不及。南狐见状，急忙来救，想在小虎的后腿上狠咬一口。小虎手疾眼快，放开母狐跳向一边，把头转向与南狐对阵，屁股却露出在母狐的眼前，母狐抓住机会，向小虎的屁股扑去。小虎现在是首尾受敌，除了对付前面的敌人，还要顾及后面。只见它挥动长而有力的尾巴向屁股后面的母狐猛力扫去，正中母狐头部，把母狐打翻在地。

惨烈的战斗在森林中展开着，虎的吼声和狐狸的嗷嗷叫声在森林中回响，几只小狐狸从来没有见过这种厮杀的场面，吓得龟缩在草丛中不敢妄动。小虎和两只大狐混战在一起，你咬过来，我咬过去，打得团团转。

小虎似乎觉得如此混战很难取胜，还会消耗自己的体力，一定要设法寻找机会，再给母狐致命一击。它甩开南狐，回头向母狐的后腿狠狠地咬了一口，母狐大叫一声，忍痛跛着腿、夹着尾巴败下阵来。南狐见状，吓出一身冷汗，也大叫大喊着，领着一群狐狸逃走了。

小虎战胜狐狸后，在林子里休息。以后又有什么奇遇？精彩待续。

对话趣谈·爷孙对话

:爷爷,狐狸是坏的还是好的呀?

:其实,野生动物没有什么绝对好或绝对坏的,例如老鼠,人人都说它坏,实际上也有好的方面。我们南方的狐狸叫南狐,是食肉目的动物,除了捕食野兔外,还经常捕捉老鼠充饥。狐狸的皮毛可以用来制裘,价值较高。狐狸是一种很聪明的动物,所以有"狡猾的狐狸"和"狐狸精"等名号。

:爷爷,老鼠是"四害"之一,为什么你还说它们有好的方面?

:因为老鼠是许多毛皮动物(产皮裘)的主要食物,如黄鼠狼、狐狸、小灵猫、豹猫等。如果没有老鼠,它们就无法生存。也就是说,生态系统中断了食物链,就会失去生态平衡。

念猴妈，小虎勇救猴王

　　小虎大战南狐一家后，感到筋疲力尽，就在附近密林中找了一块地方休息。它躺在草地上，透过树林的空隙，仰望蓝天，天空显得又小又圆，宛如头上顶着一片片树叶；透过树叶间隙还可以看到蓝天上一朵朵白云飘然而过。微风吹来，树林发出沙沙的响声；大大小小的松鼠在林中树枝间跳跃，寻找可口的水果；小鸟们飞来飞去，在空中捕食昆虫，叽叽喳喳欢叫着、嬉戏着……

　　这时，突然有一只猴子艰难地从另一片树林中攀缘过来，鲜红的血从它的手上、脚上、脸上流了下来，四肢显得软弱无力，摇摇欲坠的样子。猴子攀爬到小虎休息的那一片林子的树上就支持不住，掉了下来。

　　小虎见猴子的外貌像自己的猴妈，后面一只像狐狸的动物（青鼬）追杀过来。由于狐狸的形象使它厌恶，小虎忽然就产生了救猴之心。它立即起身，冲向即将扑到猴子身边的青鼬。青鼬见来了一只大猫挡住自己的去路，喝问道："喂！猫兄弟，为何挡住我捕捉猴子？"小虎嘿嘿一笑，答道："你看错啦，我不是猫，是虎。"青鼬怒气冲冲："我不管你是什么东西，赶快让路！"说完便张牙舞爪扑向小虎。小虎当然不甘示弱，全力反击，只交战了几个回合，就把那追赶猴子的青鼬赶跑了。

　　败走的青鼬并不甘

青鼬

心,只见它仰头大吼几声,呼喊其他伙伴前来助战。一会儿,就有几只伙伴从树上飞跑下来,把小虎团团围住,一个个瞪眼露牙,面露凶光。小虎并不害怕,依然一动不动屹然站立,保护着受伤的猴子,以静制动。它清楚地知道,它们不敢与自己单打独斗,唯有靠团队的力量。

青鼬们一步一步向小虎靠近,小虎等它们距离自己十多米远、自己能够一跃到达的距离时才发起攻击。它瞅准那个领头的青鼬,一跃上去抓住它的脖子拼命咬了一口,然后跳回来保护猴子。被咬的青鼬痛苦地在地上打滚,其他的青鼬见状都吓得胆战心惊,四散奔逃。

小虎没有去追击青鼬,而是回头扶起满身是血的猴子。猴子感谢小虎救命之恩,便把自己如何受青鼬攻击一事告诉小虎。

青鼬是食肉目鼬科动物,过去是以捕捉野兔为生,与狐狸常为争夺食物打架。由于青鼬的个子较小,打不过狐狸,只好练习爬树,上树去捕捉山鸡、松鼠之类的树栖动物,避免了为争夺食物而打斗。今天,青鼬正在追赶一只大松鼠,遇上一群猴子在摘野果,便转向攻击猴子。放哨的猴王发现了,一声呼哨,叫群猴逃走。青鼬迁怒于猴王,便奋力去追杀。猴王为了让群猴争取时间逃跑,硬着头皮去迎战,不幸被咬伤,差点送了性命。

小虎听说猴王为了救群猴而受伤,又见它的外貌很像猴妈,便带它回洞中

小虎勇救猴王

养伤。猴妈见小虎营救了自己的同类，十分高兴，就去野外找些野果、野鸡蛋之类的食物给猴王补养身体。经过几天的调养，猴王又恢复了昔日的英姿。它走进森林，仰头一声呼啸，群猴纷纷循声前来拜见猴王。猴王即率领众猴谢过小虎，重新回它们的花果山去了。

小虎救了猴王，因此与南方森林中的猴子们交了朋友，它们陪伴小虎度过了很多快乐时光，正应了"善待他人即善待自己"这句古训。

对话趣谈·爷孙对话

：爷爷，是不是每一群猴子中都要有一只猴王？

：是的，有猴王才能指挥猴群的日常活动，才能对付入侵自己领地的其他猴子。

：是不是只有猴王才能做猴儿们的父亲？

：是的，猴王绝对不允许其他公猴与自己群体内的母猴交配，若不听话，立即咬它并把它驱逐出去。

：猴王老了怎么办？

：猴王的位置不是永久的，若有体力更强的公猴向老猴王挑战，战败了就必须让位。

：噢！看来一群猴子就是一个小王国啊。

为报复，狐群围攻小虎

再说南狐一家被小虎打败后，南狐一直耿耿于怀，不甘心失败，每天都去在各地林区居住的狐狸家串门，诉说小虎的争食"罪行"，动员同伴们团结起来，一起去对付小虎，一定要把小虎赶出这片林子。经过十多天的准备，它把各家各户的狐狸鼓动起来了，让大家推举自己为这次战斗的总指挥。

这天，太阳刚刚从山顶探出头来，像一个火球挂在山顶上，晴空万里，风和日丽。十几只狐狸集合在一起，由南狐带领，雄赳赳气昂昂前往小虎和猴妈居住的岩洞前挑战。狐狸们个个都摩拳擦掌、龇牙咧嘴，喊打喊杀，欲置小虎于死地。这时，小虎还沉睡在梦乡，突然被狐狸们的喊杀声吵醒，非常不满，翻身走出洞门一探究竟，只见南狐带着一群狐狸在门外叫嚣，群情激昂。它们狐多势众，小虎心中不免有些发怵。旋即，小虎便用"立志争王"的信念来鼓励自己，浑身是劲。它雄壮威武地大步走出洞口，出门迎战。

猴妈见许多狐狸前来挑战，欲置小虎于死地，不免有些担心。它想到小虎毕竟还年幼，虽然对付一两只狐狸绰绰有余，但要与如此众多的狐狸交战恐怕体力难支。它也深知狐狸聪明狡猾，身上又带有臭液，不太好对付，便想前往助战。它赶紧在附近找到一支能解毒的还魂草带在身上，暗中跟在小虎后面。

狐狸们见到小虎走出洞门口，立即大声呐喊着冲上前去，把小虎团团围住，喊杀声四起，一个接一个向小虎挑战。它们都把体毛耸立起来，拱起背，扭弯着腰，尾巴下垂，露出尖锐的牙齿，喉咙里发出愤怒的唔唔声，轮番冲向小虎挑战。南狐吸取上次失败的教训，不主动接近去咬小虎，使小虎不能发挥自己的威力，只能被动应战。小虎被四面八方扑上来挑战的狐狸搞得团团转，不久它便感到有些疲倦，这才感悟到，狐狸们是对自己采取车轮战来消耗自己的体力，心想：自己太大意了，小瞧了狡猾的狐狸，不行，这样下去必然会输，应该发挥自己的威力，主动出击。

于是，小虎看准了一只身体较弱的狐狸，突然一个纵跃，把它抓住，拼力一咬，被咬的狐狸"嗷嗷"嚎叫，声音凄惨。群狐受惊，都有点发虚。小虎看此招见效，又继续对另一只狐狸袭击，把从青蛙那里学到的纵跃技术在这次战斗中发挥得淋漓尽致。它的利齿像一把把尖刀毫不留情地刺向狐狸，锐利带钩的虎爪更加发挥了巨大作用，狐狸只要被它的爪抓住就跑不掉，只会皮开肉裂。

小虎身佩利牙、锐爪和像铁棍一样的尾巴这几种武器上战场，加上它那勇往直前的勇气和刚刚学会的纵跃技术，与二十几只狐狸交战，毫无惧色。不一会，便有几只受伤的狐狸在嚎叫，这使群狐心中十分惶恐，围堵的阵容开始凌乱。南狐感到形势不妙，立即改变战术。它下令狐狸们把小虎围得更加严实，一齐把圈子缩小，使小虎失去各个击伤的机会。见时机已到，南狐立即下令放屁，狐狸们一个个把屁股转向小虎放出"迷魂臭屁"。狐狸们的臭屁熏向小虎，

被群狐围困，猴妈相助

浓烈的骚臭味熏得小虎头昏脑涨，摇摇欲坠。小虎没有料到它们有此一招，想拼死一战但已感到全身无力。正在危急关头，猴妈来了。

幸好，猴妈早有准备。它一直跟在小虎后面，见虎狐开战后就躲藏在树上观战，这时见狐狸放出的臭屁把小虎熏得昏昏欲坠，立即把"还魂草"抛下来，并大声喊小虎捡起来嗅闻。

还魂草不但可以解毒，还可以增强体力。小虎拿起来，放在鼻孔边深深地吸了一口气，很快头脑便清醒起来，体力也立刻恢复常态。它脚步不再摇晃，精神大振，信心倍增，只见它虎眼圆睁，全身体毛直竖，咬牙切齿，把虎尾舞得呼呼作响。这时，狐狸们以为小虎已经中毒，正准备继续攻击，没想到小虎突然发出一声怒吼，一个纵跃向着一只最靠近的狐狸猛扑过去，咬住它的颈部用力落牙，只听"咔嚓"一声，狐狸的颈椎骨断裂，立即瘫倒在地，使包围圈露出一个空位。南狐立即叫大家再次围堵，一个接一个紧紧挤靠着，想让小虎插翅难飞。小虎见状，立即把矛头转向南狐——擒贼先擒王。它再一次纵跃扑向南狐的头部。南狐毕竟是首领，技高一筹，只见它一闪身，颈椎部躲过了，但却露出了后腿。小虎只能咬住它的后腿，利牙到处，脚骨断裂，痛得南狐在地上打滚，"嗷嗷"直叫。

这一突如其来的变化，把所有的狐狸都弄得不知所措！缺少了总指挥，群狐各自为战。一只狐狸见小虎去咬首领时露出了屁股，便立即冲上去。小虎见有狐狸来偷袭自己的屁股，即刻挥舞像钢鞭一样的尾巴，向前来偷袭的狐狸狠狠扫了过去，扫得它当即昏死过去。狐狸们被眼前的一幕惊呆了，再也不敢恋战，遁入密林，各自逃生。

小虎得胜正想追

南狐

去,忽然听到猴妈在树上喊道:"小虎,不要追了,你已经在它们面前显示了威力,以后它们再也不敢惹你了。"小虎想到刚才受狐狸的窝囊气,依然十分气愤,觉得自己有使不完的劲,还想去追。猴妈又说:"小虎,算了吧,人类古话说得饶人处且饶人,就饶了它们吧。"小虎听了猴妈的劝说,收住脚步,不再去追赶。

对话趣谈·爷孙对话

:爷爷,狐狸有家吗?

:有呀,狐狸是一夫一妻制。结婚后夫妻合作打地洞,地洞结构有繁有简,但起码有一个睡窝、一个储藏室和两个洞口(一个进出口,一个逃避口)。有儿女同住的地洞就离地面远一些,洞道和窝室也比较复杂。

:狐狸的臭屁除了防御敌人外,还有什么作用?

:这种南狐的臭液属肛门腺,因为它的数量不多,其作用目前不太清楚。但有一些动物如大灵猫和小灵猫,它们的臭液是一种比黄金还贵重的香料;它们的臭腺属会阴腺,很发达,分泌出的胶状液体叫做"灵猫香",是世界四大香料(麝香、抹鲸香、龙涎香、灵猫香)之一。

:爷爷,那么臭的东西怎么会叫香料呀?

:这就是物极必反的典型例子。香味太浓了就变成臭。把灵猫的臭液稀释成千上万倍后,就变成香气扑鼻的定香剂了。市面上卖的那些贵重的香水和香皂就是加了点灵猫香进去,香气才能持久不散。所以,现在有不少地方都实行人工饲养灵猫取香。

夜行猎,小虎血溅豪猪

　　小虎打败了狐狸,在森林中声名鹊起,威震四方。白天出来的动物远远见到小虎都赶快躲藏起来,甚至闻到它的气味都会夹着尾巴逃跑,真可谓是"闻味丧胆"。小虎只好改白天狩猎为晚上行猎,因为那些专门在晚上出来觅食的动物还不知道小虎的厉害。

　　一天晚上,小虎见明月高挂天空,照得大地如同白昼。它决定尝试晚上出去捕猎,对猴妈说道:"猴妈妈,你安心睡觉,我乘今晚月色明亮,出去走走。"猴妈听了问道:"你要出去行猎吗?""是呀!白天抓不到猎物,晚上出去看看。""噢!那你小心点啰!""猴妈放心,我与你们不同,你们只能在白天觅食,我是日夜都能行猎。"

　　小虎漫步林间,不久来到一片农民的作物地边缘,只见地里种有一片玉米,而玉米地旁边是一大片绿油油的地瓜苗。玉米已经长到一米多高,枝强叶茂,微风吹动发出"沙沙"微响,地瓜田中却静悄悄。小虎举目细看,只见一个硕大的黑物在田中移动,这立即引起它的注意。它慢慢向黑物接近,听到黑物行动时微有"沙沙"响声,同时也闻到有一股动物的气味扑面而来,因此断定这黑物是可以吃的动物。

　　小虎看着眼前的猎物,睁大了眼睛,一边观察着眼前的地形,一边确定捕捉猎物的路线。接着,小虎便小心翼翼、一声不响地潜伏爬行至离动物十多米远的地方,匍匐于地,两眼紧紧盯住猎物,作出猫捉老鼠前那样蓄势待发的姿势。它心里面想着很快就会有一顿美餐了,同时猛地向猎物扑去。可当它扑到猎物身上时,却突然发出一声惨叫!原来,小虎扑到的不是它想象中的动物,而是一只浑身长有硬尖刺的豪猪。小虎的脸部,尤其是不长毛的鼻子和嘴唇都扎上了豪猪的硬刺,鲜血喷溅到豪猪身上,自己痛得"嗷嗷"直叫,急忙用前脚去拔刺。

再说那只豪猪被小虎重重地扑在身上,虽然没有被小虎开口咬伤,却也掉了不少刺,伤了一些皮肤,身上还溅上了许多血,把它吓得半死,回头定睛看看那头扑击自己的动物,正在用前脚乱拔嘴上、鼻子上和脸上的豪猪刺,痛得嗷嗷直叫。豪猪虽然也受到了惊吓和伤痛,但看到小虎中刺的狼狈相也觉得好笑,说:"喂!你是哪里来的大猫呀?你不知道我是谁吗?"

小虎听罢,气愤地说:"俺不是猫,是虎,你是谁?别的动物身上都长软毛,为啥你的身上就长出那么多硬刺?"

豪猪听小虎这么说便哈哈大笑,说:"看来你是刚刚来到这个森林的鲁莽家伙。"

"是呀,俺以前在东北地区可从来没有见过你这种满身长刺的怪物。"小虎

小虎血溅豪猪

豪猪

大声回答。

豪猪又大笑道："难怪你不分青红皂白就直扑过来。这里有许多像你这样吃肉的动物，如果我身上不长出硬刺来保护自己，早就被你们吃光了，哪里还能够生存到今天。"

"噢，对不起呀，豪猪小弟，今天我是用血的教训认识了你。俺真是羡慕你，你满身是刺，谁敢动你呀？"小虎一面拔去身上的豪猪刺，一面说。

"是的，没有谁敢咬我。为了防止像你一样鲁莽的动物扑击，伤害自己的皮肉，我们在短短的尾巴上还长有许多毛铃，外出觅食时，行动起来就会发出铃响声，警告那些想吃肉的动物不要惹我。"豪猪很是得意地对小虎炫耀。

"是呀，你满身长刺，肯定没谁敢惹你。你们的生活过得好幸福呀！"小虎无限感慨。

"唉！你们不敢惹我，但是，农村的猎人要猎杀我们，还说我们的肉有药用价值，可以治妇女的'产后风'；我们的刺可以烧灰喂鸡预防鸡瘟病等。我的同伴被杀害了许多。"豪猪十分伤心地说。

"那些猎人也真可恶！但远离他们，你们不就不会被捕杀了吗？"小虎甚感不解。

"哎，也是因为我们偷吃了他们的农作物。我们很喜欢吃他们种的地瓜和木薯，因为我们也要活下去啊。"豪猪似乎很无奈。

"我知道山上有很多像地瓜那样的地下块根可以吃，你们为什么一定要去偷吃人家种的东西呢？"小虎继续问。

豪猪听罢，说："是啊，我们以后一定要改变一下生活方式了，尽量不偷吃农民的庄稼，避开与人类的冲突。"

小虎同情地附和道:"但愿人类把自然环境保存好,愿你们以后过上安稳的日子!"

此后,小虎暂时离开森林,到附近的稀树草原去寻找食物。在那里发生的故事会更加精彩哦。

对话趣谈·爷孙对话

:爷爷,其他动物的体毛都是软的,为什么豪猪就长出一身硬刺?

:豪猪是啮齿类动物中最肥胖的动物,牙齿既不锐利,四肢又粗短无力。它打不过其他动物,又跑不快。动物要生存,一是靠抵抗,二是靠逃跑,豪猪这两种本事都没有,只好靠身上长出的棘刺来保护自己。

:老鼠也是啮齿动物,为什么它们不长刺也能生存呀?

:老鼠能够生存到今天,而且子孙昌盛,完全是靠它们有十分强的繁殖能力。它们出生几个月后就能结婚生子,一年能生5~6胎,每胎有5~10只鼠仔。而且,它们的个子小,行动迅速,一有危险就跑进自己挖掘的地洞中躲藏起来。所以,老鼠好像成了赶不尽杀不绝的动物。

不识鹿,小虎初尝苦果

小虎在森林中树立了威信,在动物们的眼中它已不"小"了,就都尊称它为"老虎"。但森林里的动物们都对它有了防范,它在森林中就很难找到食物了,便转向距密林较远的一大片稀树草原上开拓猎场。

小虎从来没有到过这种环境狩猎,不知道有什么动物生活在这里。它漫步在平坦的草原上。这里没有了密密麻麻的大片森林,一大片草地上稀疏散布着一些大树,只有在低洼的地方有树木和矮小的灌木丛分布其间,那些食草动物白天就躲藏在这些丛林里。

小虎行走在稀树草原中,感到视野广阔,心胸也开阔了许多。突然,它看到不远的一株大树下面有一群像牛一样的动物在乘凉,有的头顶长角,有的没有长角,角形各不相同,有些角像短棍棒,有的像插上两根枝杈,有些分杈二次,有些分杈三次。走近前去,只见那只角分杈三次的动物突然站立起来,这可能是这群动物群中的首领。它的头顶好像长了两丛树枝,颈背上密密麻麻生有长长的鬃毛,足登铁蹄,身材高大,像一

水鹿

不识鹿,小虎初尝苦果

匹骏马。小虎从来没有见过头顶上会长出"树枝"的动物,牛不像牛,马不像马的,简直是个怪物,心里就想着小时候母亲讲的故事中那些凶恶的"牛魔王",不觉一惊。其实,那就是一头老年公鹿,真名叫水鹿,体重有一百多斤①。

水鹿也不知道这是会捕食自己的猛虎,见到小虎两眼直视自己,立即提高警惕,先是两耳竖起,鹿眼瞪圆,进而翻身站了起来,心想:以前从来没有见过你,今天不打招呼就贸然闯进我的领地上来,还毫不客气睁大眼睛盯着我,是向我挑战吗?想到此,水鹿便怒气冲冲地大声喝问:"喂!来者是谁?到我的草地上来干什么?"

小虎听它牛声牛气喝问自己,心中打了个寒战,认定今天真的遇上恶魔了,一时不敢作声。水鹿见来者不作回答,大怒,即刻低头亮出硬角,发动四蹄向

水鹿喝问小虎

① 1 斤 =500 克。以下同。

虎猛冲过去。小虎正在发呆，毫无防备，见"牛魔王"直冲过来，不知如何应对，一时躲闪不及，被它重重地撞倒在地，昏死过去。

水鹿哈哈大笑，说："你是什么东西，竟敢在我面前装腔作势！"说完便扬长而去。好在水鹿是一种吃草的动物，不然老虎就没命啦！

小虎醒来后，带着伤痛回到猴妈身边，心中十分难受！不知如何才能战胜"牛魔王"。猴妈见小虎没精打采坐在地上，急忙下树前去问个究竟。

猴妈听完小虎的讲述后大笑说："它不是'牛魔王'，而是一种食草的水鹿，那些头上没有长角的是母鹿，头顶长角的是公鹿；角不分权像木棍的是年轻公鹿，分权越多年纪越大。公鹿长角不是用来对付你们的，只是在繁殖季节用来对付其他公鹿，争得与母鹿的交配权。它惯用的战术就是用头去撞，用角去刺，若被打败了，就发动四蹄逃之夭夭。今天你被它撞倒，是因为你不知道它的底细，从外貌上看它似乎十分凶恶，还没有开打你就先害怕了，带着胆怯的心情去应

小虎被水鹿撞昏在地

战，当然吃亏。以后你再遇到它，只要你躲开它的硬角，不被它撞上，然后寻找机会去咬它的喉咙或脊梁，一定可以战胜它，那就可以饱餐几天了。"

小虎听猴妈妈说完，恍然大悟，觉得自己对这里的动物了解很少，对世间的事情知道得更少，就笑着对猴妈说："好在有您的指点，不然我真被鹿角吓倒了。那明天我再去草地找它决战吧。"

对话趣谈·爷孙对话

👦：爷爷，鹿茸是鹿的嫩角吗？

👴：是的，公鹿长角时，先长出来的是软绵绵充满毛细血管的嫩角，角的表面生长许多茸毛，所以叫鹿茸。鹿茸是公鹿初长出来的嫩角，以后茸毛脱落，表皮变硬，内部逐渐角质化就变成了硬角。

👦：是不是各种鹿都可以长鹿茸呀？

👴：是呀！只是质量好坏不同。若是人工养鹿取鹿茸，一般都会选择优质鹿（如梅花鹿、坡鹿、水鹿和马鹿等）饲养。割下茸角后，第二年还会重新再长出新茸。如果营养跟得上，一年可以割两次茸。只不过，第二次长的茸为再生茸，个头较小，质量较差。

不服输，小虎再战水鹿

猴妈把水鹿的底细告诉小虎后，小虎觉得自己十分愚笨，无缘无故高估了敌人的力量，害得自己受了一顿皮肉之苦，真正体会到知己知彼才能百战百胜的道理。它报仇心切，决定去草地寻找水鹿决斗。第二天上午，它们又在草原上相遇了。

水鹿见上次被自己撞翻的大猫又找上门来，取笑道："喂！你还没有死呀，又来这里干什么？"

小虎见水鹿斗胆取笑自己，也笑骂道："嘿嘿！上次把你当成可怕的'牛魔王'了，心中害怕，才会被你撞翻。今天我已经知道你的底细，不怕你了，看我怎样收拾你。"说完就马上蹲下，虎伏在地，虎牙毕露，喉咙里发出"唔唔"的警告声，像打闷雷，虎尾高高翘起，尾尖微微抖动。

再看那头水鹿，也不甘示弱，认为小虎是自己的手下败将，必定是活得不耐烦了，前来找死。它把头低下，亮出一对暗褐色开杈的硬角，两眼怒视着小虎，短尾快速左右摇摆，作出蓄势待发的姿态。

双方对峙了一会儿。水鹿急于发起进攻，四蹄踏地，"的答的答"地飞奔冲向小虎，想立即把它撞死。小虎早有准备，待水鹿冲到离自己约一米远时即刻闪开身体，让水鹿扑空过去，然后顺势追击。只跑了十多米远便追到了水鹿的屁股后面，正想扑上去咬时，水鹿突然停步，抬起两只后腿向小虎踢去，力量很大，把小虎踢了个仰面天翻。

原来，猴妈在告诉小虎关于水鹿的底细时，忘记告诉它水鹿还有"后脚踢来敌"这一个绝招。好在这次小虎没有被踢到要害部位，伤得不重，它翻身起来拔腿就追。水鹿不知小虎的厉害，以为自己两次击倒对方，胜券在握，即刻

不服输，小虎再战水鹿

小虎扑向水鹿

回过头来决战。它站稳脚跟后，用前脚不断刨地，还不停地打着响鼻，怒视着小虎。

  小虎两次受伤，心中愤怒，知道水鹿的两个杀手锏已经用完，便毫无顾忌地直冲过去。施展纵、跃、擒、抓的绝招。水鹿也奋力与小虎搏斗，面对小虎，舞动一对硬角，使小虎无法近身。小虎为了躲避水鹿的硬角，左躲右闪。水鹿急于取胜，又使出撞击一招：它低下头，四蹄奋起，直向小虎冲撞过去。小虎眼疾手快，一闪身又让水鹿扑了个空。由于水鹿的冲力过猛，收不住脚，把硬角插进就近的灌木丛中，浓密的枝丫与带分杈的鹿角交错在一起，一时拔不出来。小虎乘机骑上水鹿的脖子，张口咬住它颈侧粗大的动脉血管，

小虎咬住水鹿

鲜血喷射而出。不久，水鹿便瘫倒在地，动弹不得。

小虎看着瘫倒在地上的水鹿，"牛魔王"变成了一堆肉，满心欢喜。回想过去自己的鲁莽行动，吃了大亏还差点断送了命，又心感惭愧。它坐下来，待体力恢复后才慢慢进食。

从此以后，水鹿在小虎的眼中不再是"牛魔王"，而是一堆鲜美可口的野味。它索性和猴妈移居在鹿类经常活动的稀树草原上，肚子饿时就去觅食水鹿。生活在这里的鹿类，远远看见小虎的踪影就会拔腿狂奔，逃之夭夭。

小虎知道，若自己先被鹿类发现，必定无法捕捉它们，要想吃到鹿肉，必须另想办法。

它回去与猴妈商量，猴妈说："最好设法伏击它们。"

对话趣谈·爷孙对话

：这个故事对你有什么启发吗？

：第一，做任何事情都要知己知彼才有可能取得胜利；第二，要藐视困难，藐视敌人，才能最大限度发挥自己的潜力，去战胜一切困难和敌人。

：是的，老虎出生不久就离开了母虎，没有母亲教它各种捕猎技术，也不知道各种动物的特性，在这个陌生的南方森林挣扎求生，必须自己摸索出一条生存之道，必须有强烈的上进心和克服困难的坚强意志才能生存下去。

睡野外，初试伏击战术

小虎战胜"牛魔王"后，眼放神光，长啸生风，觉得自己离实现称霸森林的理想不远了。但是，当小虎外出寻食，走进林间时，却很难见到一个动物的踪影，只能看到松鼠和鸟儿们自由自在地在林间嬉戏、觅食。

小虎寻找了半天都一无所获，记得猴妈说要伏击猎物，可又不知如何伏击。先在山凹找一处有树荫的草地休息一下吧。

树林在山风吹拂下摇曳。风吹树叶的响声，各种鸟儿在林间啁啾的啼鸣声，松鼠的咯咯呼叫声，虫儿振翅的唧唧声，构成了自然美妙的催眠曲。小虎不久就睡着了。它做了一个梦，梦见一头水鹿在面前安闲地吃草，正想起身追赶，只见水鹿突然四蹄腾空，飞驰而去。踢踏、踢踏的蹄声在耳边回响。睁眼看时，不是做梦，而是在自己休息地的附近跑过来一只动物。

爷爷年轻时，睡在房间，窗外出现一头脚踏四蹄，面目凶恶，口露利齿的怪兽

故事讲到这里，孙子插口问道："爷爷，为什么老虎听到蹄声就知道是鹿呀？"爷爷答道："小虎知道只有吃草的动物才有蹄呀！"

"为什么？"

"因为吃草的动物不需要用利爪去捕捉其他动物，只需要有适合奔跑的软蹄才能快速奔跑，逃避食肉动物的追击。"

"就是说，所有不吃肉的动物都没有爪，只有蹄啰。"

"是的，像牛、马、猪、羊等都是食草或杂食的有蹄类动物。"爷爷耐心解释。还讲了一段自己以前亲身经历的故事："年轻时，学校放假回家，村中好事青年想试探我的胆量，特意假扮成一头面目凶恶、口露利齿却脚踏软蹄的动物，在晚上夜深人静时，爬在我睡房的窗口上企图唬我。为了加强恐怖，还发出虎吼声。初时着实把我吓了一跳，但当我看到它脚上有蹄时，便完全明白这是村中调皮青年的恶作剧了。"

"为什么？""因为有蹄动物绝对不会长出像老虎那样尖锐的牙齿。它们只需要能切割植物、磨碎植物的门牙和扁平的白齿就够了，所以食草的动物是没有尖锐犬齿的。"

"哦！爷爷，后来老虎看到了什么动物？捉到了吗？"

爷爷继续把故事讲下去：

小虎定睛细看，来者不是水鹿，而是一只黄猄，正从东边山坡爬上来，想翻过山脊到西边山林去觅食。从山凹翻过去是一条近路，是许多动物翻山越岭的必经之路。小虎立即伏下身体，借一丛高草的掩护，耐心等待黄猄走到它可以出击的范围才一跃而起，猛扑上去。黄猄比水鹿小得多，只有二三十斤重，不堪一击，立即成为小虎的午餐。

小虎饱食黄猄肉后，感到口渴难忍，即刻动身下山，到山谷里寻找水溪。走到一处幽谷，见流水潺潺，清澈见底，清泉流过一片石堆时漾起一股碧波，它伏身溪水中，尽情地饮用带点甜味的水，享受清凉的溪水给它带来全身的凉爽，感到无限的快慰。它想，睡了一会儿就捉到一只黄猄，这就是猴妈说的伏击战术吗？它为这次无心伏击的成功感到十分高兴，却把留在家中的猴妈忘在了脑后。

对话趣谈·爷孙对话

- :爷爷,您打猎时能从动物留在地上的脚印分辨出是哪种动物吗?
- :打猎的人不但能从脚印中知道动物的种类,还大致可以估计出动物的体重,甚至也可以从不同动物排出的粪便看出动物的种类。老虎比猎人更厉害,因为它们的嗅觉很灵敏,用鼻子闻嗅动物的脚印或粪便就知道是哪种动物。
- :你说老虎是"独行侠",独来独往,它们要结婚生子怎么办?
- :森林中的老虎是利用挂爪、射尿和吼叫进行联系的。它们出行时,每走一段路都会在路边的树上或地面上用爪扒一下,甚至在爪痕上射上几滴尿,以此来互相联系,到发情季节还会发出吼声呼唤对方。

寻小虎，猴妈结识雄鹰

小虎在野外伏击到黄猄后，竟然忘记了回家。

猴妈在家等了几天不见小虎回来，十分焦急，马上出去寻找。猴妈声声呼唤，直到日落西山仍不见小虎回应，心中很是不安。走到山林中，猴妈见有一株高大的树，树顶的枝丫上堆有许多树枝，上去查看，原来是一只巨大的空鸟巢，便进去休息。刚躺下不久，突然林中刮过一阵大风，枝叶摇动，险些把猴妈吹离鸟巢。猴妈赶快坐起来察看风向，发现一只巨大的鹰向鸟巢飞来，这才想到是巢的主人回来了。猴妈急忙爬出巢窝，躲在树下不敢出声。

不久，猴妈听见大鹰在巢中发出痛苦的呻吟，又见巢中有血水滴下，知道大鹰受伤了。猴妈轻声问道："鹰兄弟，你受伤了吗？"雄鹰答道："我的左脚被猎人打伤了。""还能动吗？""伤了脚骨，不能行动了。""这样啊，我去找治伤草药为你疗伤，好吗？""你若救了我的命，我一定会好好报答你。"

猴妈立即去山上寻找疗伤草药来为雄鹰治疗。第三天早上，猴妈心挂小虎，又对着山林大声呼唤，仍是不见小虎回音。雄鹰见猴妈急着寻找小虎，很是感动，对猴妈说："你为我疗伤，无以为报，我带你去找小虎吧？"猴妈说："你有伤在身，自身难保，怎么带我去寻找呀？"雄鹰笑着答道："用了你的药，

白头鹰

寻小虎，猴妈结识雄鹰

我的脚伤快好了，而且翅膀又没有受伤，可以自由飞翔了。来，你爬到我的背上骑稳。"猴妈迟疑，不肯上背。雄鹰急了，大声道："快点上来，趁现在我还有力气，飞几小时应该没有问题，待会儿肚子饿了没有气力时就飞不动了。"

猴妈寻小虎心切，只好骑上雄鹰的背脊，抓紧鹰颈背的羽毛。雄鹰一声啸鸣，振翅起飞，穿越密林翱翔在山林上空。猴妈一边细察地面，不时放开喉咙呼唤小虎。鹰啸、猴喊声打破了林中的平静，安静的山林热闹起来，鸟儿们听到巨鸟的啸鸣，纷纷停止歌唱，侧耳细听有什么事发生；正在树上活动的猴子、松鼠、蜥蜴等也停止采食，观望着事态的发展。

不久，雄鹰飞行到了小虎捕捉黄猄的山谷。这时，饱食黄猄肉的小虎还躺在草丛中呼呼大睡，忽然耳边传来猴妈熟悉的呼唤，还间杂着雄鹰的尖锐呼啸，才想起自己几天没有回家，猴妈一定急坏了。它立即起身望空中长吼，声声虎吼划破长空，传到了猴妈耳中。听到虎吼声使猴妈兴奋不已，催促雄鹰飞向发出虎吼的山谷。

小虎拔腿飞跑寻找猴妈。突然一阵大风吹来，树叶纷飞，树枝摇动，一粒

猴妈偶遇受伤雄鹰

细沙飞进虎眼,它停步揉揉,然后睁开双眼,见猴妈正从"一架飞鸟"的背上下来。小虎惊喜地飞奔过去,抱住猴妈问道:"猴妈,你怎么来啦?"

　　猴妈愠怒道:"你在这里逍遥自在,把我忘得一干二净了吧?"

　　这时小虎才看清楚,猴妈乘坐的"飞鸟"是一只雄赳赳的巨鹰。但这只鹰一直在地上蹲着站不起来,询问猴妈才知道雄鹰受伤了,并知道了猴妈为雄鹰疗伤的事情。小虎被雄鹰知恩图报的壮举感动!也深深感谢雄鹰伤还未愈便背负猴妈来寻找自己的情谊。

　　雄鹰背负猴妈寻见小虎已竭尽全力,受伤体弱和许久没有进食使它浑身无力,蹲在地上直喘气。小虎见状关心问道:"雄鹰兄弟的身体怎样了?"

　　猴妈对小虎说:"雄鹰受了枪伤,无法抓捕猎物,我只能寻些野果给它充饥,它已饿了几天没吃到肉食了,所以身体十分虚弱。"

　　小虎听罢,立即去把吃剩的黄猄肉取来给鹰吃。鹰是食肉鸟类,有了猄肉进肚,很快恢复了体力。

　　此时已日落西山,接近黄昏。大家正准备找地方休息,就听到有一只猫在呼唤猴妈,猴妈循声望去,见呼唤自己的竟是老家的小猫,赶快上前去相见。小虎也久未回家探望猫兄弟了,见到小猫兴奋不已,飞跑前去抱住小猫亲热一翻,然后问及小猫前来的缘由。小猫说:"家中出事了!"

　　小虎和猴妈急忙问道:"出了什么事?"

　　小猫就把主人急催它出来寻找小虎回家一事从头到尾说了出来。

保羊群，小虎血战群豺

自从小虎被主人赶出门，一年后，村里的后山就来了一群豺（豺、狼、虎、豹为四大猛兽），经常在村庄附近的山上活动，见有上山放牧的家畜，便集群捕食家畜。豺比狼的个子小一些，体重和长相与家犬相似。它们集群行动，不但敢捕食家羊，甚至连家牛也不放过。小虎家主人在山上放牧的牛、羊不断被豺捕食。全村人心惶惶。这时，主人想到了小虎，就叫小猫快去寻找小虎回来，设法对付这群害人的豺。

听完小猫的讲述，猴妈立即骑在雄鹰背上飞往老家；小猫与小虎同行，飞奔回去。

主人见到小虎已从酷似小猫长大成威武雄壮的大虎，虽然只有三岁，已经显出虎威，十分高兴，立即设晚宴招待大家，等待明天上山灭豺。

次日，主人赶着牛羊上山，以图引出群豺。小虎跟在主人后面。上山不久，突然见到有数头耕牛惊慌奔逃，原来群豺正在围攻一只小牛，几只豺前后左右围住小牛，一只凶悍的豺跳上小牛背后部，伸爪插入小牛的肛门，用力拉出大肠。小牛剧痛狂奔，悍豺依然骑稳牛背，待小牛飞奔经过树旁，豺即刻跳下，将拉出的牛肠缠绕于树干之上，直到狂奔的小牛肚肠拉尽倒地身亡。

群豺在小虎眼前捕杀耕牛，把小虎气得怒吼起来，声声虎啸，地动山摇。小虎两眼圆睁，虎毛直竖，尾巴摇动，虎爪出鞘，几个跳跃向豺群扑去。群豺见突然蹿出一头小猛虎，立即放弃啃食小牛，回头围攻小虎。

小虎质问豺道："外面有许多野物可以捕食，为何要伤害家畜，与人争食？"

豺首领见小虎年幼可欺，答道："家畜比野兽好捉、好吃呀！你还年幼，劝你别多管闲事。"

"你们欺到我家主人头上了,我怎能不管,放聪明点,寻食走远些。"

"我们就不走,你能怎么样?"

小虎见状,不顾一切冲向豺首领。豺首领知道单打独斗没有胜算,唯有用团队的力量来拼,见到小虎气势汹汹向自己冲过来,它掉头就跑。小虎哪里肯放,跟着追了上去。其余的四五只豺见小虎追赶首领,便一齐跟着追了上去。一豺逃走,众豺跟在后面追赶,这是豺群的战术:一旦追上对手,立即去抓对方的肛门,把连着肛门的肠子拉出来,致对方于死地。

小虎从未与豺交过战,不知它们的战术,但也留心后面的追兵,见到有豺即将靠近,便挥舞虎尾鞭打,使追兵难于接近。豺首领向深山逃去,很快便在眼前消失。

猴妈担心小虎安危,请求雄鹰背它前去助战。雄鹰背上猴妈向豺群追去。豺首领逃至一条小河边的沙滩上便掉头与小虎对阵,后面六七只豺上来把小虎团团围住,轮番向小虎的屁股扑去。小虎头尾受敌,被攻击得团团转。紧急时刻,雄鹰呼啸一声,箭一般过来,落在小虎身边,昂首怒视众豺,同时小声对小虎说:"快闭上眼睛!"

小虎何等精明,知道雄鹰必有动作,立即紧闭双眼。很快就听到耳边风声大作,只听到群豺"哇哇"乱叫,口中大喊"眼睛、眼睛"。小虎睁眼看时,

雄鹰来助战

个个豺都揉着双眼在原地打转,才知道刚才是雄鹰发威扇翅,令飞沙走石直击豺群,使它们无法睁眼。豺首领知道小虎有高人相助,立即带领群豺跪地求饶。小虎并没有赶尽杀绝它们之意,便喝令群豺马上离开此山,到远离村庄的山区生活,群豺乖乖地离开了。

当晚,小虎的主人杀鸡宰羊,招待大家。席间,主人举杯感谢小虎和雄鹰为民除害,并对自己当年赶小虎出家门表示歉意。小虎不以为然,还对主人曾有养育之恩表示感谢!这使主人感动不已。小虎说:"如果我一直留在家中,最多成为一只凶猛的看家虎,不会有太大的出息,而现在我已立足南方森林,威震四方,我将来还要有更大的作为啊!"

第二天,小虎要走了,对猴妈说:"这两年您就像我的妈妈一样跟随左右,保护我,教育我,不怕辛苦,风餐露宿。现在我已经长大了,完全可以独立生活,您就留下和猫兄弟一起照顾主人吧。"又对雄鹰说:"雄鹰大哥,你的脚伤未完全好,也留在家里多休息几天,待伤完全好后再回去。"大家都同意小虎的意见。

小虎与众人分别时,雄鹰拉住小虎的手说:"小虎兄弟,你独自上山闯世界,一定要小心,注意安全,遇到困难需要我帮助,只要向西边方向长啸几声,我就会前来协助。"小虎点头道谢,与大家道别后很快便奔向深山。

枣树下，小虎险遭蟒害

小虎步入深山，独自生活。虽然会用伏击的方法捕捉食物，但也不是在任何地方都有伏击环境。开始时，它随便找一个地方隐蔽起来，结果等了一整天都不见任何动物的踪影，因为它守候的地方根本就不会有动物经过。它必须先学会辨认各种动物的足迹和气味，才能找到动物经常活动的地方和经常行走的路线，所以要熟练运用这种方法是要经过不断摸索的。这期间，它遇到了一种常用这种方法捕食的动物——蟒蛇。

蟒蛇是体型最大的蛇类，和其他蛇一样，没有脚，只靠身体的扭动向前推进，行动不快，所以很难捕捉动物。蟒蛇小时是靠头部两边的颊窝来发现、捕食猎物的，长大以后行动比较缓慢，就难以追捕猎物了，它的生存只能靠"耐饥"和"伏击"两种方法。耐饥就是饱食一餐后，几天甚至几个月不吃都不会饿死。蟒蛇通过伏击抓到猎物后，可以一口将整个动物囫囵吞下，甚至可以吞下比自己身体还大的动物。它们就是利用耐饥的生存方式为自己设计出"死蛇翻生"的伏击捕食方法。所谓"死蛇翻生"，就是蟒蛇饱食一顿后，选择一处有动物行走的地方躺下，把身体伸直，一动不动，俨然一根朽木。吞下去的动物在体内慢慢消化，无法消化的动物毛、角、蹄等随大便排出。一日、两日、一个月、两个月，像死了一般等待有动物经过。一旦有动物过来，它就立即用长长的身体将动物捆缚起来，再用口吞食。

蟒蛇

一日，小虎正在山林中寻找猎物，

见一群白头鹎（鸟名）"叽叽喳喳"鸣叫着从头顶飞过，像雪片一般落到山谷里的一株树上，树上成熟了的果实受到振动便掉落下来，树下有一群山鸡在争抢掉下的果实。小虎许久没有进食了，见到山鸡，口水横流，就想过去捕捉充饥。

它伏下身体，借高草丛的掩护，在一条通向树下的小路上潜伏前行。行进间，它那灵敏的嗅觉闻到了一股动物的腥味，但却不知道是哪种动物。小虎眼见一条"朽木"横躺在它前进的路上，并不知有危险，就当它是朽木跨

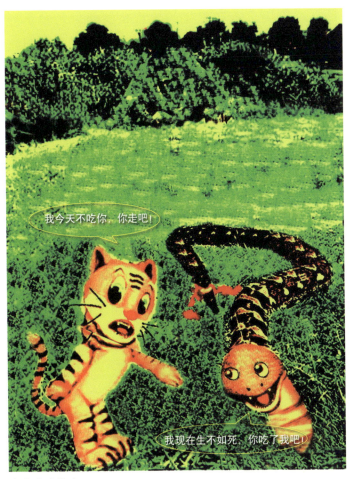

小虎险遭蟒害

了过去。当它的前脚刚过，后脚提起时，"朽木"立即变成一条活动的"绳索"把小虎一圈一圈捆缚起来。

小虎大惊，拼命挣扎，越是挣扎缚得越紧。这一突如其来的袭击，令它不知如何是好，因为不知道是什么东西把它捆缚住，使它无法动弹，无法使劲。它感到呼吸逐渐困难，快要窒息了。就在它感到绝望时刻，突然见到蛇尾在它眼前晃动，它竭力张开虎口，向蛇尾咬去，"咔嚓"一声，蛇尾被咬断了，紧缚虎身的蛇体立即松弛下来，接着大蟒慢慢瘫在地上。

小虎侥幸脱险，许久还缓不过气来，坐在那里直喘粗气。它看着瘫软在地的蟒蛇说："看来你才是守株待兔的祖师爷，俺还得向你学习哟。"

蟒蛇哭丧着脸回答："我们会用这种办法捕食也是无可奈何的呀！"

"为什么？"小虎不解地问。

"因为我们不像你有四条腿,跑得快,还有尖锐的牙齿和铁钩似的利爪可以随时捕捉动物。我们没有脚,跑不快;没有爪,抓不到动物,要不是有耐饥的本事,我们早就从地球上消失了。"

"可是,你们不但没有消失,而且还子孙昌盛呢。"

"其实我们生活得很艰难。因为我们是变温动物,体温随外界温度变化而变化,所以天冷时无法出门觅食,只有靠夏天短短的几个月拼命吃点东西,长点膘,冬天和春天气候寒冷时就只能在地洞中睡觉,靠天热时积累的膘来维持生命。"

"原来你们生活得也并不轻松!"小虎萌生同情之心,"今天就放过你,你走吧!"

蟒蛇说:"谢谢了!虎大哥。但你把我的尾椎骨咬断了,我已不能走动,无法使劲,只能等死了。"

蟒蛇最后还是死了。

小虎这次遇险后,一直心惊肉跳,久久难以平静。

从此,小虎在森林中行走变得小心翼翼,不敢有一点大意。一旦闻到动物的气味,立即警觉起来,细心分析后才敢行动,但也不免有失误的时候。

对话趣谈·爷孙对话

:爷爷,如果小虎被蟒蛇缚死了,蟒蛇能把比它大那么多的老虎吞进肚子里去吗?

:能呀。因为蛇喉咙里的方骨是活动的,可开可闭,可以张开比自身大几倍的口,把整个猎物吞进去。

:如果人被蟒蛇缚住,也咬蛇的尾巴可以脱险吗?

:当然可以,只可惜多数人被蟒蛇捆缚时便会吓得魂不附体,全身瘫软,任蛇摆布了。

穿山甲，用计巧戏猛虎

小虎自从被蟒蛇捆缚逃生后，吃蛇肉饱餐了几天，可是受缚的地方还是红一块紫一块，体力大不如前，有好多天在山林中搜寻动物都一无所获，又饿又累。这天，为寻找食物，小虎奔波了一整天仍无收获。时近黄昏，夕阳披着一身红装徐徐向山顶降落，此时的景色更显优美，甚至连石头也在夕阳照耀下像山花一般绚丽，光彩夺目。

小虎虽然疲惫饥饿，此时也被眼前的美景陶醉了，看着看着，不觉昏昏沉沉地打起了瞌睡。忽然，耳边传来草丛窸窸窣窣的声音，小虎立即警觉起来，举步慢慢走向发出响声的草丛，看见一个铜黄色的小动物在走动。它正想扑过去抓住它，突然想起狩猎豪猪的教训，不敢鲁莽行动，只好慢慢接近。奇怪，这个小动物听到老虎的脚步声不但不迅速逃跑，反而一动不动站住。

小虎近前闻到了一股动物肉味，知道一定是可以吃的动物，便伸手去抓，前爪刚刚触及，小动物立即蜷缩成一团，变成了一个圆球。这个小圆球任由小虎抓、咬都一动不动，

穿山甲蜷缩护身

蜷缩着的穿山甲

因为它有一层坚硬的鳞片保护着——这就是众人皆知的穿山甲。

小虎吃不成穿山甲,十分扫兴,一副"无可奈何"的表情,看着穿山甲一声不响地溜走了。待小虎去追寻,却踪影全无。它举目四处张望,只见离原地十多米远的小山坡上有一个新土洞,洞门口有一堆刚刚挖掘出来的泥土。小虎进前去察看,用鼻子伸到洞口嗅闻,穿山甲的体味扑鼻而来。小虎笑了,它想来个瓮中捉鳖,手到擒来。只见它伸出前爪进洞去抓,没有抓到;又换比前脚更长的后脚伸进去,还是抓不到。穿山甲在里面看着直笑,对老虎说:"嘿嘿,虎大哥,不好意思,你抓不到我,我就睡觉啦!"

小虎被穿山甲气得咬牙切齿,但又无可奈何,只好悻悻地骂道:"大家都只穿一身柔软的皮毛,你却偏偏披上一身盔甲,真丑陋!"

"是吗?可我觉得挺舒服的,它不但可以保护我不被你们吃掉,还可以帮助我捕食呢!"穿山甲得意地反驳。

"鳞甲保护你,我相信,帮你捕食就是吹牛皮了。"

穿山甲哈哈大笑道:"不怕告诉你,我生来就没有牙齿,只靠吞食白蚁为生,所以,上天赐予我一双坚硬锐利的前爪,用来挖掘深藏在地下的害人的白蚁;又可怜我没有保护自己的能力而赐给我一身坚硬的鳞甲,使我能够生存下来。我能为人类除害,保一方平安。"

小虎听后觉得有理,见它一个弱者,还天天想着为民除害,对它萌生了敬意。小虎接着说道:"穿山甲兄弟,你没有牙齿还能生存,因为你们专吃没有骨头的蚂蚁,这点我相信。但你说你身上的鳞甲不但可以保护自己,还可以帮助你捕食是不是吹牛啊?"

穿山甲听到小虎说它吹牛,并不生气,说:"你不相信就算了,反正

穿山甲

穿山甲在水面上吃蚂蚁

你也吃不到我。"

小虎觉得很尴尬,但又好奇穿山甲用鳞甲取食一说,便放低声音,求穿山甲道:"穿山甲兄弟,我知道你不是坏蛋,我不会伤害你的,我们交个朋友,好不好?"

"虎大哥,你现在几乎是一山之王了,我可不敢高攀。"

"哪里的话,兄弟,出来吧,我绝对不会害你,但请你把鳞甲捕食的方法演示给我看看,行吗?"小虎很想亲眼观看用鳞甲如何取食白蚁。

穿山甲感觉小虎现在已经没有加害自己的意思,只是想满足好奇之心,便勉强答应道:"虎大哥,山下有一个水潭,你先去水潭边等我,我马上就到。"

"好,听你的。"

说完,小虎便不声不响地向水潭边走去。穿山甲等小虎走远了以后,才慢慢从洞中爬出来,把自己蜷缩成一个圆球,从山上一直滚到水潭附近的丛林里。接着,它张开身上的鳞甲,让身体的腥气散发出来,很快就招来许多爱好腥味的蚂蚁,钻入鳞甲中吸吮它身体表皮分泌的汗液。穿山甲待蚂蚁布满全身,便向水潭走去,跳入水中,张开甲片,蚂蚁立即浮出水面逃生。穿山甲伸出长而黏的舌头,在水面搜刮蚂蚁,饱餐一顿。小虎在一旁看得出神,夸赞穿山甲神奇而又为民除害的本事。它深感动物界中各种动物千奇百怪，各有各的生存本领，要征服它们并不容易。

对话趣谈·爷孙对话

- 爷爷，穿山甲的鳞甲真的是上天赐的吗？
- 当然不是。穿山甲的鳞甲是经过千千万万年的进化而来的。大自然中，生物界里，物种与物种之间是相生相克、协同进化的。适者生存，不适应的物种就会被淘汰，发展到今天，各物种之间基本达到平衡。猿猴再也不会进化到人，猫也不会变成虎了。
- 就是说，豪猪满身是刺，穿山甲体披鳞甲都是为了适应生存，与环境协同进化的结果。
- 说得对，我们千万不要相信上天和神造物的传说。

野猪林，小虎大战野猪

　　小虎空着肚子继续在山林中寻找猎物。此时，正在林子里觅食的猴王看见小虎没精打采的样子，便前去问个究竟。小虎把遇到穿山甲，并被穿山甲戏弄一事告诉猴王。猴王感叹道："动物世界真是千奇百怪，不但外表各不相同，而且各有不同的生存本领。虎老弟你已经在南方森林称霸，千万不要骄傲自大，目空一切哦。"

　　小虎听出猴王话中有话，便虚心答道："是的，是的，请猴大哥多多指教。"

　　"听说西南边有比我们这里更广阔的森林，那里有不少我们南边森林没有的动物，不妨到那边去见见世面，或许可以得到更好的锻炼和提高呢！"

　　小虎早已有闯荡其他森林的打算，现在听到猴王这么说，便下定决心到西南森林去看看，对猴王说："谢谢猴哥指点！小弟就此告别。"

　　猴王也对小虎说："祝你一帆风顺。"

　　小虎离开居住了一年多的岩穴，只身外出闯荡。它充满信心、满怀希望地上路，离开了自己熟悉的环境，走在陌生的山林中，一切都很新鲜。有一天，它见一些山谷湿地有许多被挖掘的痕迹，有心要探个究竟，几天后才发现，掘地的原来是一头猪。猪是在找埋在地下的食物吗？它很奇怪，就走前去对猪说："猪大哥，你怎么知道地下面有你喜欢的食物呀？"野猪没有见过虎，但来到野猪林的都是客，便答道："我用鼻子去闻呀。""吹牛，我只听说狗兄弟的鼻子最灵，没有听说猪鼻子灵的。""这是人类的误会，他们一味宠着狗，说我们是蠢猪。其实，我们比狗还聪明，鼻子比狗更灵敏。""又吹了不是？""不是我吹，是科学家做实验得出的结论。""那为什么人家把狗当宠物，把你养肥来宰呀？""这点我也觉得不公平，后来也想通了。""为啥？""人们大概是嫌我吃得多，长相丑哩！"小虎觉得有道理，又问道："你什么时候从家里跑出来的呀？"

南方的野猪没有见过老虎，不知虎的利害，便大声喊道："你是谁呀？你怎么颠倒黑白呢？我一向住在山上，村里人家养的猪才是从山上下去的。我们是它们的祖先呢！"

野猪

"噢！原来是野猪大哥，失敬了。"

野猪见小虎对它尊敬有加，口气就变得温和起来，说："不用客气。你怎么知道我的猪兄弟呀？"

小虎还是谦虚地答道："噢，以前我也是住在村里人家中的，是猫的兄弟。"

野猪大吃一惊，说："猫兄弟，你是怎样变得如此高大威猛的？听说南边森林出了一只凶猛的老虎，是不是你呀？你是打败许多狐狸的老虎吗？"

"是的，就是我。"

野猪一听，怒发冲冠，全身的毛耸起，嘴巴"嗒嗒"作响，龇着獠牙，露出一副凶相道："我是这片森林之王，所以这片林子叫做野猪林。既然你来到这里，俗话说'一山不能容二虎'，若你能打败我，这里的王位就让给你。不然你就赶快离开。"

小虎没有回答。因为它看到这头野猪确实与家猪不同，不但比家猪高大威猛，还在猪皮上涂了厚厚的一层坚硬的松脂（森林里有许多蚊虫咬，野猪觉得身上痒痒，就在松树干上摩擦抓痒，树皮磨破了，溢出松脂就沾在身上了），嘴角边还各有一个粗大弯曲的獠牙。小虎比过去稳重多了，它想：自己长途跋涉来到这里，身体很疲惫，如果再经历一场大战，自己必定会元气大伤，便对野猪说："猪大哥，我只是借贵地经过，没有占山为王的意思。今天我走了一天路，累了，明天再会吧。"

第二天一早，太阳刚刚露出山顶，阳光洒满大地，小虎应约前往野猪窝前面的一块草地上决战。野猪大摇大摆走出堆满树枝的窝棚，一副瞧不起小虎的样子，见到小虎便傲慢地说："虎老弟，吃饱了没有？如果有本事，我们先战三百回合，若还不分胜负，就休息一会再战，好不好？"

"好的，客随主便，点到为止，别伤了和气。"小虎觉得自己还未成年，体力远不如野猪，便谦虚地回答。

战斗开始，双方对峙着转了一个圈，谁都不敢把屁股亮给对方。但见野猪的脊毛高高耸起，猪牙咬得"嗒嗒"作响，喉咙里发出"嗷嗷"的叫声，獠牙在阳光照射下闪闪发亮。小虎睁大双眼，集中精神观察野猪的举动，虎尾高高翘起，像一根铁棍在空中挥舞得"呼呼"作响。它清楚地知道，千万不能让野猪的獠牙碰到自己身体的任何部位。打斗中，野猪突然收住脚步，停止兜圈子，直向小虎冲了过去，小虎闪身躲过，野猪扑了个空，小虎马上回头跟在野猪后面，图谋咬野猪的屁股。野猪的反应也很快，马上掉头迎击。

两个王者就这样紧张地相持着，一刻都不敢松懈。野猪自觉比小虎体大，身披硬皮，口角两边各插一把利刀，有点瞧不起小虎，没想到打了半天还不分胜负，就急于取胜。小虎则沉着应战。于是，野猪咆哮着冲到小虎面前，小虎一时难以躲避，便纵身一跃，跳在野猪的后面，野猪又急忙调头迎战。就这样反反复复地打斗。八蹄击地声，双方咆哮声交织在一起，真的是烟尘滚滚、地

小虎大战野猪

动山摇。

住在地下的小鼹鼠,被它们打斗震动地面的响声吵了一整个上午,就走上地面向它们喊道:"喂!两位大哥,你们不要打啦。猪大哥,你做王不做王都是吃地瓜、木薯和树根,难道你还想吃老虎肉吗?"野猪听小鼹鼠这么说,觉得有理,不久就停步休战。小鼹鼠知道野猪把自己说的话听进去了,又继续说道:"猪大哥,趁虎大哥还未成为虎大王,你们就交个朋友吧,今后你们相遇,看在朋友的份上它会放你一马的,不然,它吃了你的子孙,连你都不放过哟!"

野猪觉得在理,对小虎说:"虎兄弟,得罪了,交个朋友吧!"

小虎早已感到筋疲力尽,听到野猪主动要和自己交朋友,就乐得做个顺水人情,说:"猪大哥威武神勇,小弟佩服!尤其你嘴角边的獠牙,又长又锋利,真吓人!"

野猪听小虎吹捧自己,也变得谦逊起来,说:"虎兄弟,我的獠牙不算什么,云南那边的大象牙齿比我的要大几十倍呢!"

"真的呀!难怪猴哥叫我去西南森林见见世面,开开眼界哩!"

小虎顺利地通过了野猪的领地,在野猪林里休息了几天后向西南边的森林进发。

对话趣谈·爷孙对话

- :爷爷,我们家养的猪真的是野猪驯化来的吗?
- :是的。
- :为什么家猪嘴边就没有獠牙?
- :家养的猪都经过阉割变性,没有阉割的公猪也会长出獠牙。这是公猪之间争霸的武器。

逛石山，小虎巧遇香麝

　　小虎很想去见识野猪说的大象，一路向西南走去。肚子饿了，小虎就捕一些黄猄、野兔之类的动物充饥，就这样走到了广西的南部山地。广西山清水秀，尤其在西南部，奇形怪状的石山林立。

　　小虎想去看看石山中有什么动物。它带着探险的心情小心翼翼地步入崇山，进入深谷，放眼细看，一座座山像是由许许多多巨石垒积而成，石与石之间生长着大大小小的灌木，偶然也有一些乔木大树冲天而长。

　　漫步山中，常被一些带刺的小树刺伤皮肤，行走十分不便。但身处这奇山异景之中，它被眼前的美景陶醉了，惊叹自然界的鬼斧神工，不知不觉在石山上流连忘返。

　　午后的石山吸足了太阳的热气，虽说是深秋季节早晚凉爽，但在石山里就不同，晚上不凉反而更热，因为晒了一天的石头，到了晚上就放出热气，所以这里的石山只有早上凉快。小虎不懂石山特点，选择下午上山，热得它嘴吐白沫，口干舌燥，想寻水解喝，又找不到。它深感不妙，正想离开石山，忽然感到头昏脑热，一阵天旋地转，昏倒在地。

　　此时，住在山中的麝觅食归来，见路边躺着一条"大虫"，觉得奇怪。细看它还有呼吸，便前去详细察看。从来没有见过虎，只觉得小虎的面目凶恶，四肢的指爪锐利，感觉来者不善，心生憎恶，立即向老虎头上射了一泡尿，说："没有什么招待你，我先给你喝一泡尿。嘿嘿！"

　　小虎在梦中忽然嗅到一股香气扑鼻，使它神清气爽，微睁开眼，见面前站着一个外形像黄猄的动物，便翻身站起，揉着两眼问道："喂！小黄猄，你站在这里干什么？"麝见小虎醒来后雄立眼前，立即警觉地跳到附近的大石上，

麝向昏倒的小虎头上撒尿

以防不测。说:"我不是黄猄,你是谁呀?"

小虎昏昏沉沉地答道:"嘿!你以为穿上灰黑色衣服我就认不出你吗?我是小虎,谢谢你的救命之恩啦!"

"小虎?我可没有救你呀!"麝还不知道自己那一泡尿里带有麝香,使中暑的小虎苏醒过来了。

"你不是给我喝了一碗香水吗?"小虎感激地问道。

麝觉得好笑,又不敢说明那是一泡尿,问道:"你到我这个连鸟儿都不想来的石山干什么?"

"其实,我是从南边过来的。到了这里,见这些石山奇形怪状,风景优美,不自觉地就进来欣赏美景。谁知山中天气这么炎热,又干旱无水,险些丧了命。"

麝见小虎对自己有感谢之情,无害己之心,反而怜惜小虎的病体,对小虎说:"老哥,你现在是中了暑气,又严重缺水。你跟我来,带你去喝些山泉水就没事了。"

小虎早已口干难耐,听到麝要带它去喝水,便高兴起来,紧跟在麝的后面去找水喝。

小虎喝完水后精神大振,准备下山,与麝道别说:"小黄猄,再见啦!"

"我不是黄猄,你看我身上的毛不是黄色而是灰黑色,是因为我长年住在石山,食在石山,农民伯伯就叫我石猄,科学家说我是鹿科大家族里的一员,说我应该叫麝,又因为我生活在南方,人们又称呼我南麝。"

"你是南麝,难道还有北麝么?"小虎在追根问底。

"是呀。北边的麝比我们南边还多,个子也更大。你是谁?看你像猫,但猫的个头没有那么大呀!"麝反问起小虎。

"噢,我是猫的兄长,叫虎!"小虎谦虚地自我介绍。

"哎呀!你就是和猪大哥交朋友的那位虎大哥吗?失敬了!"麝说。

"就是我,麝妹妹。"

"虎大哥,你搞错了,你看,我的嘴角两边是不是长有像猪大哥那样的獠牙?"

"是呀!"

"我的姐妹嘴角都不会长獠牙的,只有成年的兄弟才会长出獠牙,而且姐妹们不带香包,兄弟们才带香包。"麝对虎解释。

"奇怪啦,我家的男主人不用香水,女主人才用香水,为什么你们是反过来的?"小虎不解地问。

"嘿嘿,女人用香水是为了讨别人喜欢,我们带香包是为了联络母麝,这样,母麝发情时能够及时找到我们。"麝继续向小虎介绍。

"怪不得我一进石山就嗅到了一股怪怪的香味!原来就是你们身上的香包散发出来的。既然你们可以用香气吸引母麝,那你们嘴角长两

麝

只獠牙干什么？"小虎又问。

"我们用香气告诉母麝在什么地方可以找到我们。但是，有时会有好几只公麝在同时约会母麝，那时，我们就要用獠牙决斗，胜利者才能与母麝进洞房。"麝耐心向小虎解释。

小虎觉得它很善良，又感谢它的救命之恩，就同情地问："麝兄弟，你们的堂兄弟黄猄、水鹿等等都住在大森林和草原上，为什么只有你住在这既干旱又生长着许多有刺植物的石头山上呢？"

"因为我们喜欢吃带点香气的针状叶的植物，这些植物只生长在石山上，所以我们就要住在这里。"麝说。

"唉，真难为你们啦！山上的石头尖牙利齿的，还有许多长着刺的植物，行动多不方便呀！"小虎深为感叹。

"好在祖上给我们留下一身刺插不进的厚毛皮，还有与堂兄弟们的硬蹄不同的、耐磨的革质蹄，才使我们不怕刺，不怕走石头路打滑。"麝接着说，"虎大哥，我们相识一场，你来到我家门前就进来坐坐吧？"

"谢谢麝兄弟，我的脚走这样的石山路很不方便，还是回去吧。"小虎说完，便匆忙走出石山到别处去了。

对话趣谈·爷孙对话

：爷爷，为什么麝给小虎射尿就救醒了小虎？

：因为麝的尿道经过香包，会带出一些麝香液来，小虎闻到有通气开窍作用的麝香气味就清醒过来了。

：爷爷，它们的香包是不是和灵猫香那样长在屁股后面？

：不是，麝香包是长在麝的肚子下面，像是肚脐，有一个向下开口的小圆孔。

：香包有多大？

：一般有鸡蛋那么大，外面是皮囊，囊中黄色透明的颗粒就是麝香。麝香是一种极名贵的中医引药，有通气开窍作用，国产的名贵中成药就有六十多种需要麝香配伍。

折枝声,引来虎熊相会

小虎走出石山后,来到林木茂盛的高山大岭。见林中生活着许多山羊,饥饿的小虎利用已掌握的"纵跃"和"擒拿"技术,很快就抓到一只几十斤重的山羊,一顿就吃下十多斤山羊肉,吃饱了又到河边去饮水。一连几天,小虎都待在林子里尽情享受。

第四天早上,小虎一觉醒来,太阳已经从东边山顶升起丈把高。它站起来,打了一个呵欠,伸个懒腰,正要举步离开,忽然听到附近有树枝折断的声音,循声过去看个究竟,见一株野果树上坐着一头体毛黑色、外形像猪的动物,旁边有一条被折断的粗树枝,那"黑猪"就在新折断的枝叶间摘食成熟了的果实。

小虎惊讶,猪还能上树?心想:嘿,这难道是猪大哥吗?它高兴地走到树下高声喊道:"猪大哥,你什么时候过这边来的?你那么胖怎样爬上树去的呀?"

树上的黑熊粗声粗气答道:"你是谁呀?你认错啦。俺不姓猪,你看我嘴边有没有像弯刀那样的獠牙?没有吧,俺叫黑熊。"

小虎定睛细看,它的嘴角边的确没有像野猪那样的一对獠牙,牙齿却是和自己一模一样,才知道自己看错了,原来是自己的堂兄弟,笑着说道:"噢,你是熊大哥呀!我是你的虎老弟呀!你们不是在东北地区森林中居住的吗?什么时候搬到这里的呀?"小虎也感到诧异。

黑熊

虎熊相会

"哦,是虎兄弟呀!失敬了!俺来到南方很久啦!以前从来没有见过你们,什么时候过来的呀?"

"我刚来不久。你们在南方生活还习惯吗?"

"习惯。南方的天气好,冬天不冷。我们不用像在北方时那样躲藏在洞里过枯燥无聊的、不吃不喝的冬眠生活,而且,这里山上的水果比北方多,几乎一年四季都有水果吃,除了水果还有很多甜甜的蜂蜜。"黑熊露出非常满足的神情答道。

"噢,熊大哥,蜜蜂有毒针,你敢惹它们?"小虎惊奇黑熊敢取食蜂蜜。

"怕什么,我要碰到蜜蜂巢,准是见一个,拆一个,见两个,拆一双。有甜甜的蜜,还有许多营养丰富的蜜蜂幼虫,可好吃哩。不过,想遇到蜂巢可真没那么容易,我们多数都是摘野果充饥。"黑熊还是老实地对小虎说出自己的生活状况。

"哎呀！熊大哥，你们也是我们食肉动物家族的一分子，怎么改吃水果啦？"小虎不解地问道。

"唉，一言难尽呀！当年我们在东北地区的山里时，那里的豺、狼成群结队，它们都吃不饱，还能有俺的份吗？我们吃水果还算好的，生活在四川、陕西、甘肃的大熊猫兄弟还只能吃粗糙无味的竹子呢！"

"就是呀，它们为什么偏偏只吃竹子呢，万一碰上竹子开花的年份或天气不好时竹子全死掉了，那大熊猫老弟不就跟着都完了吗？"小虎深为同情。

"我也为此而担心它们呢。唉，听天由命吧。"黑熊一脸无奈地说。

"熊大哥，你的个子比豺、狼高大，还是个大力士，怎么就争不过个子比你们小得多的豺、狼呢？"小虎还有不解。

"单打独斗我可以赢它们，但它们的繁殖能力很强，子孙成群，经常结队外出觅食，抢夺食物俺就不如它们了！"黑熊平静地答道，"所以，我们只好改吃一些水果之类的东西补充，也兼食一些昆虫和软体动物，偶尔能够捉到黄猄或小野猪之类的动物就算是开荤啦。但是，俺跑得不快，又没有长出像你一样的利爪，要抓捕动物很难呀！"

"熊大哥，你也很厉害啊。你虽然长得肥胖，居然还能上树吃野果，能告诉我，你是怎样学会上树的吗？"小虎见熊的身体比自己胖，居然能把上树技术掌握得那么熟练，真是难以置信，很不理解。

"虎兄弟，当初我们也是不会爬树的，其实都是环境所逼的。我们饥饿难忍，看见树上有好吃的东西便拼命爬上去，慢慢就学会了。可是，俺上得去，下不来。"

"那怎么办呀？"小虎不无担心地问。

"下不了树就掉下去呀。"黑熊挠挠自己的后脑勺很难为情地说。

"哎哟，你那么胖，从树上掉下来不死也一身伤呀！熊大哥，今天就别吃果子了，多没劲啊，走，我请你吃肉去。"小虎想到了自己还有一些没有吃完的羊肉。

"啥！真的有肉吃吗？"黑熊惊喜地问道。

"是真的，熊大哥，前几天我捕到了一只大山羊，还没有吃完。不过，这些肉放了几天，已经不新鲜了，还有点发臭，你不介意吧？"

"嗯，不介意，我经常吃发臭腐烂的肉，习惯了。嘿嘿！"黑熊兴奋地说着，同时便转身倒退向树下滑动，只滑下一小段便从树上掉了下来，"咕咚"一声响，黑熊瘫倒在地，一动不动。小虎大吃一惊，以为熊摔死了，急忙过去摸摸黑熊的鼻孔，还有气息。接着，黑熊的眼睛微微闪动，笑着对小虎说："虎兄弟，别急，过一会儿我就可以站起来了。"说完，黑熊的四肢动了动，慢慢翻身坐了起来。

小虎瞪大眼睛惊喜地看着黑熊那起死回生的变化，觉得既好玩，又不可思议。等到黑熊能站立行走时，小虎又问："你从树上掉下来不会落下内伤吗？"

"嘿嘿，你看我现在不是好好的吗？"黑熊得意地回答。

小虎绕着黑熊转了一圈，仔细检查，的确是毫发无损，口中喃喃自语："奇迹，太神奇了！"于是，便忍不住道，"眼见你从树上重重地掉落地上却毫发无损，简直难以置信！"

"哈哈哈，这是我们为了生存长期磨炼出的自我疗伤的结果。长期的反复的摔伤，使我们的胆汁产生一种有疗伤功效的物质，一旦从高处掉落受伤，胆囊就会马上分泌出大量的汁液流到受伤的部位，使伤口停止流血并且有散瘀血的作用。"

"真难为你了！熊大哥。"小虎不无感慨。

"我们为取得食物经常摔跤并不难，可怕的是人类总是想要我们的命，想取我们的胆和手掌、脚掌去赚钱。本来我们在世界上有8个同种兄弟，现在只剩下5个种了，其他3个种的兄弟家族都被猎人灭光了！"黑熊一脸悲凉地向小虎诉说，"我们家族也快不行了！"

小虎听说，心中打了一个寒战，因为它想到自己的皮、骨、鞭等都是人类需要的高级药材。山中任何野兽都不可怕，最可怕的是无知猎人的贪心啊！

对话趣谈·爷孙对话

：爷爷，熊和大熊猫原来都是食肉动物吗？

：是呀，它们的牙齿形状、结构都和老虎一样，是同属食肉目的动物。

：熊胆有疗伤和散瘀血的作用，是因为它们经常上树采食野果、经常从树上掉下来锻炼出来的吗？

：我认为是的，这也可以说是黑熊长期与自然环境"协同进化"的结果。

密林中，云豹奉承小虎

小虎请黑熊饱食了一顿山羊肉。第二天一早起来，小虎告别黑熊，继续向西南部森林漫游。那天，雾气很大，茂密的林子中，各种各样的植物你挤我拥，遮蔽得连光线都难以透进林间。小虎就在这幽暗多雾的林子中大摇大摆地走着。

此时，一只睡在大树上的云豹正醒来，睁开朦胧的双眼，站起来伸伸懒腰，突然看见树下有一个黄影闪动。它以为是来了一只路过的黄猄，立即准备向行进中的黄影扑下去。云豹定睛细看，自己吓出一身冷汗：黄影不是黄猄，而是身上布满黄斑的老虎。它知道自己搞错了，立即抱拳道："虎大哥，早安！"

小虎突然听见树上一只花白色大猫向自己问安，虽然被吓了一跳，但见大猫礼貌地向自己打招呼，便问道："你是谁呀？"

"我是云豹，是你的堂兄弟。"云豹满脸堆笑，小心翼翼地答道。

"云豹？为什么我从来没有听父母说到堂兄弟中有云豹呢？"小虎有点怀疑。

"因为我的祖先一直在南方，我们喜暖怕冷，所以没有子孙到东北地区去寻食。"云豹耐心解释道。

"那么，你怎么知道我是虎？"小虎有点不解地问道。

"不瞒你说，我的兄弟前几天见到你和黑熊大哥聊天，还见你请它吃山羊肉了，说你是我们的好大哥呢。"云豹笑嘻嘻地奉承小虎。

"噢！兄弟们互相关心是应该的。你在树上蹲着干什么？"此时的小虎已经放下了对云豹的戒心。

云豹

云豹向小虎打招呼

"嘿嘿,我在树上睡觉,刚刚醒来,就见你来到树下了,所以匆忙向你问候。"云豹硬着头皮向老虎撒谎。

其实,小虎早已看出云豹把自己当猎物了,但见它全身发抖的可怜样子才同情地问:"云豹小弟,你为什么要选择这种在树上伏击动物的方法呢?"小虎云游四方,对不理解的事喜欢问个为什么。

云豹又施展阿谀奉承之术答道:"虎大哥,我真的很佩服你,你从一只猫把自己锻炼成威震森林的老虎。我应该好好向你学习。我本来不会上树的,为了不在地面上与其他许多堂兄弟争夺食物,避免互相残杀,就专程前往你家拜你的猫兄弟为师,学会了爬树的技术。"

"原来你到过我家,还拜我猫兄弟为师呀!其实,我并不是猫,而是一个和猫差不多大的虎仔。"

"噢!难怪你现在长得那么帅了,见到你我都有点害怕哩。"云豹还是胆怯地小声说道。

小虎心生同情，问道："地面上有很多兄弟与你争食吗？"

云豹有点不好意思地回答："是的，像青鼬、豺、狼等，虽然单打独斗我能胜过它们，但它们都成群结队外出捕食，收获就比我们大。我的家族数量不多，不喜欢集群，都是单独活动，所以争不过它们，只好另寻出路。"

老虎听后，若有所思，问道："你在树上捕捉什么动物呀？是捉猴子吃吗？"

"不是，猴子比我的爬树技术高明，在树上行走比我们快，我根本无法追上它们。

"那么，你捕捉什么动物呢？"

云豹有点不好意思，支支吾吾地说："我主要捕捉山鸡。一只山鸡就够填饱我的肚子了。嘿嘿。"

小虎听说它们捕捉的是会飞的山鸡，甚觉奇怪，问道："山鸡比猴子还跑得快，又会飞，你怎样抓到它们呀？"云豹正想回答，但又觉得自己发现的秘密不能随便告诉别人，就闭口不谈了。

小虎知道云豹不想回答的原因，便说："云豹小弟，你不是担心我会与你争食吧，那些小动物还不够我填牙缝呢。"

云豹见被老虎点破，赶快说："噢！不是，不是。我现在就告诉你。唔……"云豹在考虑，"我了解到山鸡有晚上集群上树睡觉的习惯，于是在黄昏时暗中跟踪山鸡，跟着去看它们觅食，看它们上树睡觉前到山溪喝水，然后跟着察看山鸡选择哪一株大树飞上去睡觉，直到亲眼看见群鸡一个个飞到树上，一个接一个紧挨着蹲在一条横枝上。我在一旁不声不响地蹲着，直到天空完全黑暗。这时，山鸡什么都看不见了，我就直接上树去捉它们。"

"你上树时总会发出响声，不会被它们发觉吗？"小虎觉得奇怪。

"那些山鸡到了晚上就什么都看不见了，响动不大是不会吓跑它们的。"

"那么，你白天干什么呢？"小虎问道。

"我白天就在树干的横枝上睡觉，倘若听到树下有黄猄、小山猪等动物经过，便跃下擒拿，白天没有收获便在晚上行动。"云豹耐心地向虎大哥汇报。

"这里的猴子多不多？我跟它们的猴王有生死之交，我很想见见它们。"小虎离开南边的森林后一直没有见过猴王和它的同胞，心中有些思念。

"有呀，这里有两种猴子，一种是短尾巴，另一种是长尾巴。长尾巴的猴子头顶尖尖的，脸颊上有两撇白胡子。"云豹答道。

"我想见的就是短尾的那种猴子，能找到它们吗？"

"能找到呀，它们经常在前面不远的野果山中摘野果吃，吃完就在那里玩耍。它们猴多势众，我可不敢去惹它们。"

想知道云豹带小虎去野果山见到群猴后会发生什么故事吗？明晚再讲。

对话趣谈·爷孙对话

- ：爷爷，云豹说的山鸡是不是那天我们上山用狗赶出来的雉鸡呀？
- ：不是，晚上上树睡觉的是白鹇，它们在广东省被列为省鸟；雉鸡叫环颈雉，不会上树睡觉。它们都是比较大型的鸟类，体重有1000～1500克。
- ：爷爷，云豹不是老虎的堂兄弟吗？为什么它们相互不认识呀？
- ：因为北方没有云豹，老虎又初到南方，它们是初次见面，所以互不相识。

野果山，小虎听猴诉苦

　　云豹带着小虎翻过一座山，走过一条河，来到野果山。山不算高，但奇石林立，大树冲天。这里有各种各样的果树，结着大大小小的果实。还有一些树绽放着五颜六色的花朵。猴子们在那里摘果子吃，在玩耍、打闹。云豹一出现，猴子们马上就一哄而散。云豹赶紧喊道："猴哥，猴哥，别走，你们不要跑，它是虎大哥，是你们南山猴王的生死朋友呀！"

　　猴子们一听是虎大哥来了，就都停住脚步，仔细打量云豹带来的老虎。老猴子经常告诉儿孙，南山猴王的救命恩人很像一只身披黄色斑纹的大猫，以后有机会见到它一定要好好款待。

　　一只大头猴正想上前迎接，群中猴老大把它喝住："大头，不要去，坏蛋带着来的，谨防有诈。"云豹听到猴老大这样说，知道自己不受欢迎，便掉头回去了。

　　见云豹已经走远，猴老大开口问道："虎大哥，我们的大王是遭谁追杀而被你救起的呀？"

　　小虎知道它们还不敢相信自己，认真答道："就是那些喉咙下面有一块黄色斑的青鼬呀。"

　　众猴见小虎答对了，纷纷上前拜见恩公。

　　猴老大对老虎说："虎大哥，带你来找我们的云豹是个坏蛋，它依仗自己可以上树，经常在晚上出来捕捉我们。本来，我们以前是夜宿树林的，现在我们只能寻找云豹无法上去的山洞睡觉了。"

　　大头猴补充道："不仅我们被它捕捉得无法安生，叶猴兄弟也被它逼进了山洞居住。"

群猴欢迎小虎到来

"噢!我知道了。现在它不是很难捉到你们而改捉山鸡了吗?你们的日子好过一些了吧?"小虎问。

猴老大叹口气道:"难呀!冬天山上野果少,我们只好去农民的作物地里偷吃玉米和地瓜。兄弟们不知足,吃饱了还要塞满嘴两边的颊囊,颊囊装满了就用手臂夹,想多带点回家去慢慢吃,结果,夹来夹去都只夹到一样。农民说我们破坏生产,先是敲锣打鼓吓我们,后来就放狗咬我们,最后,他们就索性设陷阱捕捉我们,上当的猴群几乎被一网打尽。"

小虎惊讶地问:"什么陷阱那么厉害呀?"

大头猴抢着回答:"那些猎人知道我们嘴馋,便设法用食物引诱我们。他们在深山密林中选一处我们经常去寻食玩耍又很僻静的地方布置陷阱。那个陷阱像一个小木屋。他们起初在地面插上几根木柱,然后放上我们喜欢吃的食物(如香蕉、花生、地瓜之类),开始时,我们觉得吃完后没有危险,就天天结伴去吃。我们以为交上了好运,遇到了好心人,便毫无戒心,成群结队去吃。农民见每天放的食物都被我们吃得干干净净也没有引起怀疑,便继续天天放食物,天天往木柱结构加插几根木条或木板。因为天天加上一点,难以觉察变化,又从未遇到危险,我们就放心地去吃,直到小木屋搭建成功,我们都还不知道这是捕捉我们的木笼,依然天天成群结队,兴高采烈地进小木屋去取食。暗藏在

猎人设陷阱捕猴

远处的猎人见我们大部分已经进入小木屋时,即刻拉动远距离操作的活门,把门关上、锁定。一群猴子就这样成了瓮中之鳖。"

"大头猴,你怎么知道得这样清楚呀?"小虎问道。

"我是在猎人拉动活门之前出木笼去撒尿躲过一劫的。刚出来,就听到木笼'咔嚓'一声关上,笼内兄弟姊妹们立即大惊叫喊,乱作一团,个个拼命冲击木笼,想逃出去。我吓得赶快爬上附近的一株大树躲藏起来。眼见几个猎人持刀入小木屋,他们在进入之前当着群猴面一刀砍下一只鸡头,让众猴看到鲜血淋淋的惨状。群猴都被利刀和鲜血震慑,一个个抱头蹲下不敢乱动,任由猎人捉拿捆绑。当时的情景还历历在目呢,太可怕了!"大头猴苦笑着说。

"以前的事别想太多了,你能逃出来就是万幸啊。看来你挺聪明的。"小虎赞扬大头猴说。

"是呀,我见它既胆大又聪明,就收留它到我们的群中来了。"猴老大笑着说。随后,猴老大就在野果山上宴请小虎。各种各样的水果,还有鸟蛋等,小虎对水果不感兴趣,只吃了几个鸟蛋就起身告别,说:"我还要赶去云南见大象呢。"

大头猴听小虎说要去云南,提议道:"虎大哥,这里到云南还很远,山高岭峻,危险重重,你执意要去,就让我陪你一齐去吧!"小虎见大头猴聪明能干,自己又路途不熟,就答应了。

被蛇伤，猕猴采药施救

大头猴离开了生活多年的野果山，后面有老虎跟着，威风凛凛，所到之处，百兽奔逃，百鸟惊飞，甚至昔日欺负它的云豹、青鼬、叶猴等都吓得到处躲藏。它感到十分威风，十分得意。有时小虎还怕大头猴走路累了，叫它坐在自己的背上，驮着它赶路。大头猴又高兴又感激。

一天，小虎在山上捕猎时右前腿被毒蛇咬伤，伤口很快肿了起来，疼痛难忍。大头猴查看伤口，见有两个大红血点，知道是被毒蛇咬伤，想去寻找蛇药医治，却又不知是什么蛇咬的。突然发现小虎遭蛇咬的地方有一大堆干树叶，估计是母蛇在孵卵，它捡起一枚石子掷过去，便见一条眼镜蛇伸出头来，口吐长舌，发出"呼呼"的恐吓声。

大头猴知道了蛇的种类，急忙上山采来医治眼镜蛇咬伤的草药，用嘴咬碎，和着自己的口水贴到小虎的伤口上。猴子的蛇药真管用，敷了不到一个时辰，伤口就止痛，不久便消肿。小虎十分高兴，又感叹道："我还没有完成称霸森林的大业就差点被一条蛇咬死，真是岂有此理！"

大头猴听罢，对小虎说："虎大哥，我知道你的弟兄中有会吃蛇的，它可以制服蛇。"

小虎听说，高兴地问："是谁？"

"是獴。"

"噢！原来是獴小弟。你能帮我找到它吗？"

大头猴挠挠头，回答："以前经常见它们在山溪附近觅食，我这就去找找看。虎大哥，你就好好在家里休息，找到獴哥我会带它前来。"

大头猴飞快来到水溪边的草地上，看见许多食蟹獴挖掘蚯蚓的小洞。它跟

被蛇伤、猕猴采药施救

小虎驮着大头猴赶路

着一个个小洞寻找下去，果然见到有一只食蟹獴正在浅水滩上觅食鱼虾。大头猴对它喊道："獴哥，虎大哥来了，叫你去见它。"

食蟹獴听到猴哥呼唤自己，愕然："猴兄弟，你说谁叫我呀？"

"虎大哥叫你，它被蛇咬伤啦！叫你去帮它捕捉那条蛇。"大头猴答道。

食蟹獴赶快从小溪边上来，走到大头猴旁边，说："带我去见它吧。"

大头猴把食蟹獴带到小虎休息的地方。食蟹獴见到小虎，立即伏地问候："不知大哥被蛇咬伤，小弟来迟，请恕罪。"

"獴小弟，别那么客气啊，快起来，听大头猴说你敢捉蛇，是吗？"

"是的，蛇是我的食物之一，我若几天没有吃蛇，就会萎靡不振，像是得了一场大病。"食蟹獴爽快地回答。

小虎心想：我要是学会了捉蛇的技术就什么都不怕了。想到这里，它低声

75

对獴说:"獴小弟,你能把你的捉蛇技术教给我吗?"

食蟹獴感到十分为难,说:"虎大哥,教你捉蛇很容易,但是,教你不被蛇咬伤就不可能。"

"那你为什么不会被蛇咬伤呢!"小虎反问。

"其实,我也经常被毒蛇咬,但在我的血液中已经产生了抗蛇毒的物质,这种物质不是一朝一夕可以形成的,是长期吃蛇所产生的。听说我的祖上因为捉蛇而被毒蛇咬死的不计其数,有些中毒不深的生存下来,就产生了一些抗体,然后代代相传,代代积累,后代才能有今天不怕蛇毒的抗体。有了这种抗体,就能忍受蛇毒的毒性了。"

"既然如此,先不学了。大头猴带你去捉拿咬我的那条蛇吧。"小虎叫大头猴带食蟹獴去捉蛇,即将引出一场惊心动魄的獴蛇大战。

对话趣谈·爷孙对话

:爷爷,敢吃毒蛇的獴真的不怕蛇咬吗?

:据科学家们研究,獴敢吃毒蛇是因为它忍受蛇毒的能力比一般动物强六倍,加上它的皮毛粗厚,毒蛇难以落牙,所以即使被毒蛇咬一口,也不会有大量毒液进入体内,就不会有危害了。

为报复，獴哥大战毒蛇

大头猴带着食蟹獴来到靠近河边的一处密林中，这里有一株长着浓郁阔叶的大树，树下铺满落叶，在靠近一个岩石地洞的旁边，有一堆高高隆起的树叶。大头猴叫着："獴哥，獴哥，你快来看，眼镜蛇就藏在那堆树叶里孵卵。"

"噢！知道了。我已经嗅到了蛇的气味。"獴哥一面回答大头猴一面向四周观察地形。它发现那堆树叶旁边有一个地洞，就知道这是一条老奸巨猾的大蛇，因为此蛇已经考虑到遇危险后可以进地洞藏匿。

而此时，母蛇还不知道危险已经临近，正在抱着十多只卵睡觉。食蟹獴为了暂时不惊醒睡梦中的母蛇，小心翼翼前往地洞口，先堵住蛇的退路，然后发起进攻。但见它伏下身体，摇动蓬松的尾巴，全身体毛竖起，发出一声呼叫："喂！该死的眼镜蛇，竟敢咬我的虎大哥，快快受死吧！"

母蛇从梦中惊醒，抬头看去：唉！冤家来了。母蛇正想躲避，又见进地洞的路被獴堵住，只好勉强应战。它大声对獴说："谁叫它走路不长眼呀。我正在孵卵，它突然踩进我的窝中，我差点没有被它踩死，能不咬它吗？"说完，眼镜蛇把头再抬高，把颈朝两边扩展，形成饭勺形，露出眼镜形状的斑块，两眼怒视食蟹獴。獴见蛇已摆出战斗的姿势，知道它会先喷射毒液伤害自己，不敢前去咬它，只是在远处向它发出怒吼，摇动尾巴，摆出一副准备攻击的姿势。蛇依然抬头昂首，"呼呼"之声不断，以静待动。獴见蛇一味发恶呼啸，

獴

不发动进攻，只好自己冒险冲向它。蛇见獴已经接近，立即从嘴中喷射出毒液，像两条白线飞向獴。獴知道这是蛇的第一号杀手锏，目的是想伤害对方的眼睛，就赶快跳向一边，躲开毒液。第一回合的战斗结束了。

獴知道蛇一时不可能再有毒液喷射出来，便开始发动攻击，一跃就到了蛇的前面，双方近在咫尺，对立怒视。蛇头不断摇晃，嘴里喷不出毒液却发出骇人的"呼呼"声音。獴一心想避开蛇头向蛇颈咬去，却很难找到机会，气得它向左向右跳来跳去，嘴里不断发出怒吼声。眼镜蛇也不断向食蟹獴发起攻击，常常闪电般向它咬去，都被它灵活躲开。

獴见久战未能得手，心生一计，它且战且走，引蛇离开孵窝，然后大声对大头猴说："快去吃蛇蛋。"大头猴立即奔向蛇窝。母蛇见状，急忙回头去救。大头猴吓得马上逃走。母蛇暂时保住了蛇卵，但它也觉得既要保护蛇卵又要与獴作战，已是筋疲力尽，就想伺机逃走。刚一掉头，獴即刻飞步上去，咬住蛇颈。

獴蛇大战

"咔嚓"一声,椎骨断裂,眼镜蛇立即瘫软在地。

大头猴见獴哥把蛇咬死,兴高采烈地前去祝贺,先和獴哥一起享受了一顿蛇卵美餐,然后又一齐把死蛇抬回去见小虎。小虎见食蟹獴真把眼镜蛇咬死了,感叹不已:"獴小弟,世间若是没有你们去制服毒蛇,就危险啰!"

食蟹獴说:"虎大哥,世间敢捉蛇为食的不只有小弟,还有红颊獴等好几个獴姓家族,蛇雕也能抓蛇呢。"

"噢!蛇雕体内也有抗蛇毒血清吗?"小虎问。

"不,它只是在脚骨上长出蛇的毒牙咬不进去的坚硬的鳞片,使毒液无法进入体内。如果它们抓蛇时不小心被毒蛇咬着没有硬鳞护着的地方,也会丧命的!"食蟹獴解释说。

小虎和大头猴谢过食蟹獴,继续前行。

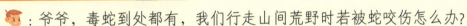

对话趣谈·爷孙对话

:爷爷,毒蛇到处都有,我们行走山间荒野时若被蛇咬伤怎么办?

:万一在野外被蛇咬伤,首先要分清是毒蛇还是无毒蛇。方法是看伤口,若伤口有两个大红点,就是有毒的蛇咬的。这时要赶快缚紧伤口上部,然后拿刀划开伤口,挤出毒液,一边挤一边用水去冲。最好知道是什么蛇咬的,送医院时告诉医生,因为不同的蛇毒要用不同的蛇药来治。

:如果没有两个红点就是无毒的蛇咬伤的吗?

:是的,被无毒的蛇咬伤就只有两排细牙印,伤口用消毒药水搽上就可以了。

住山洞，黑叶猴躲灾难

小虎的伤很快就好了，它和大头猴继续上路向云南出发。它们沿着一条江河边走着，将近黄昏时，见河的两岸都是悬崖峭壁，西落的太阳光照在峭壁上，不时会出现红色的"瀑布"，小虎感到奇怪，问大头猴道："为什么峭壁上会有红色的瀑布？"

大头猴说："那些不是瀑布，是黑叶猴尿出来的尿，尿酸与石灰石起化学作用产生红色的物质，时间长了，尿液就一直往下面石壁流，远处看去很像瀑布。本来，这些叶猴也不是住山洞的，以前它们也和我们一样在树上睡，天气寒冷时才进洞穴居住。后来，经不起云豹的时常捕杀，才不得不长期住进山洞里。"

"它们进入山洞就安全了！"小虎同情地说。

"嘿嘿，其实也不安全。"

"为什么？"

"因为云豹上不去，人类可以上去呀！"

"啊！人类也捉叶猴吃吗？"小虎惊讶地问。

"是呀！尽管叶猴不去偷人类种植的作物，但是，人们认为用叶猴的骨泡酒可以去除他们的风湿骨痛病，有很高的价值。猎人寻找叶猴会根据岩洞门口的红色新鲜程度，确定洞中有没有叶猴居住，想尽办法进洞捕捉它们。它们的处境比我们还惨呢！"大头猴无限同情。

黑叶猴

火红的夕阳即将沉到西面的山顶，大头猴对小虎说："虎大哥，今晚我们就在这片河边树林里过夜吧，这里就在黑叶猴的洞穴下面，不久就可以见到它们从山上回来进洞休息的情况了。"

"好吧，我以前住过的森林中，没有见过黑叶猴，趁此机会了解一下它们的生活状况也好。"小虎走了一天已经感到疲惫。大头猴急忙找了一处能避风挡雨的地方让小虎休息。忽然，看见一群叶猴像一大群黑色的大鸟飞驰而来，又像一阵黑风吹过，使林中枝叶碰撞发出的"沙沙"响声也随着一串黑影由远而近又由近去远。它们来到河边的一棵大树上停下，大头猴知道它们要准备喝水，急忙回去叫小虎前来观看。小虎步履无声地接近叶猴，隐藏在草丛中。

大头猴对小虎说："这些是黑叶猴，它们每天晚上进洞休息前一定会找水喝，你注意看那条伸出水面的横枝。"不一会，就见黑叶猴一个接一个爬上那条横枝，然后一个接一个倒吊下去喝水。但见第一只猴子用尾巴卷住横枝，第二只猴子用尾巴卷住第一只猴子倒吊下面的一双手，第三、第四只猴子照此形式连接，直到可以喝到水。喝了水的黑叶猴翻身上来代替第一只卷住横枝，最后所有的黑叶猴都喝到了水。小虎很奇怪，问大头猴："它们为什么要这样喝水呀？"

大头猴笑答道："我只知道它们会用这种方法喝水，但却不知道为什么。"喝完水后，黑叶猴又一树过一树飞快地攀林去到悬崖脚下。小虎看呆了，问大

黄昏观看黑叶猴回山洞

头猴："它们在树上移动的速度比你们快多啦！"

"当然啰！你看它们的尾巴又粗又长，完全可以当一个手脚使用，实际上就有了五肢。而我们只有四肢，确实比不上它们。"

说话间，石壁上就出现十多只黑叶猴，一个跟着一个向岩洞口爬去，很快就消失在洞中。小虎眼望高挂在崎岖石壁上的岩洞，沉思着，问大头猴："身轻体快的云豹都上不去，人类怎样上去呀？"

大头猴答道："虎大哥，你往洞穴口的山顶望去，那里是不是有很多的大树呀？"

"是啊！"

"猎人利用那些大树缚上一条粗大的绳子，带上捕捉工具沿绳索就能下到洞口去。"

"黑叶猴见到有人前来不会跑走吗？"小虎焦急地问道。

"问题是猎人们会选择下半夜猴子们熟睡的时间下到洞口，先张开捕捉网将洞口封死，然后派一个人进洞里去捉。黑叶猴受惊，都拼命往洞口冲去，然后就纷纷落入网中。"大头猴简洁地向小虎讲述人类捕捉叶猴的过程。

不久，夜色降临。在这寂静的森林中过夜，将会发生什么故事？下回分解。

原始林，小虎大开眼界

晚上，大头猴躺下就呼呼入睡，而小虎一天没有吃东西，饥饿难眠，忽然听到附近林子里有黄猄的叫声，更加引起它的食欲。小虎循声慢步潜行接近黄猄，穿树林、过草地都尽量不发出声响，小心翼翼，不久就走到正在倾心呼唤伴侣的黄猄附近。它正想跃出扑击，看到黄猄的头上没有长角，知道这是只母猄，又想到成年母猄可以怀孕，杀了它对黄琼的种群损失很大，提起的脚又缩了回来。它想：忍耐一下吧，母猄既然发出了呼唤，雄猄也会很快来的。

果然，住在另一个山头的一只雄性黄猄听到母猄的呼唤，立即精神焕发，奋蹄飞跑前往赴约。小虎看见，一只角上分杈的雄猄来到母猄面前，它摇头摆尾热情地围着母猄转，边调情，边跨上去交配。完事后，双方还情意缠绵。小虎立即向雄黄猄扑去想把它擒住，谁知起步时后脚被一条藤绊了一下，响声惊动了黄猄，大叫一声，拔腿就跑。小虎在黑夜里追赶雄黄猄，踢踏踢踏的脚步声显得越来越急促。小虎在追赶的过程中发现有一个白点跟着声响移动，它意识到那个白点是黄猄的尾巴（鹿类的尾巴下面都是白色）。小虎飞快地跟着白点追赶，将近白点时便使劲一跃扑过去，一把把雄黄猄擒住。

小虎饱食了一顿，还把吃不完的肉带回住地让大头猴也开开斋。大头猴平日里只吃一些水果和树叶，难得有肉下肚，今日有一顿大餐，十分高兴，对小虎说："虎大哥，以后我不回野果山了，就跟着你，好吗？"

小虎想到早年猴妈对自己的关爱，想到森林中结为好友的猴王，再看看眼前的大头猴，聪明伶俐，还懂得草药，心想：自己真是和猴类有缘啊！它欣然接受大头猴结伴同行。从此，猴、虎相伴，形影不离。

第二天，它们离开了黑叶猴的栖息地，依然逆流而上。大头猴对小虎说："其实我也没有去过云南,但我知道这条河流是从云南那边过来的,沿着这条河上去一定可以到达目的地。"

它们边走边狩猎、摘野果,饱览各地风光,饱尝各种野味。不知走了多少天,它们来到一处大森林,茫茫林海,无边无际。走进林中,许多笔直高大的树木冲天而上,林中有林,高的、矮的、贴地而生的植物,林林总总,层层叠叠。大头猴对小虎说:"虎大哥,我们已经进入西双版纳的原始热带雨林了。"

小虎听说到了西双版纳,警觉地说:"大头猴,听说大象就住在这些地方,我们要小心行事,不要得罪了它。"

"好的,虎大哥,我会一步不离地紧跟着你。"

空气潮湿,一片闷热,它们在林中吃力地走着,看见许多鲜花长在树枝上,飞藤交错,原始森林的幽暗、浓密和绵延不断使它们似乎陷入了无边无际的墨绿色的海洋中,觉得很新鲜,不可思议。

小虎来到原始森林

森林夜色

忽然,林间渐渐黑暗,失去光亮,黑压压的,令人有点不安。风和雨突然在林间汹涌澎湃起来,仿佛有一股无名的怒气在森林深处膨胀。风雨交加冲走了林中的热浪。

不久,森林又逐渐恢复光亮,太阳又笑眯眯地高挂在天空。

已近黄昏,森林中的杜鹃悲鸣声此起彼伏。小虎觉得噪耳,为什么这种鸟会从早到晚啼叫不停?便问大头猴:"那些整天不停悲鸣的是什么鸟呀?"

大头猴说:"那是杜鹃,又名布谷鸟。它们整天不停地啼叫是为了保护自己的蛋能够安全地被其他义鸟(帮它孵蛋的鸟)孵化出来。人们往往误认为那是悲鸣,就有'杜鹃啼血'的说法。"

"杜鹃鸟自己下的蛋不是自己孵吗?"小虎不解地问。

"它们是一种懒鸟,从来不自己孵蛋,把蛋产到别的鸟窝里让义鸟去孵化。自己就清闲地整天唱歌。还有更离谱的呢,杜鹃蛋孵12天就可以出壳,义鸟自己产的蛋要孵20天才出壳,义鸟的幼仔孵出来后,杜鹃仔就恃强把它丢出巢外摔死。"

"那它们整天啼叫就能保护义鸟孵化安全吗?"小虎感到莫名其妙。

"是的,因为它们是在远离义鸟孵蛋的地方啼叫,蓄意把天敌吸引到发出啼叫声的地方,然后它们却利用自己羽毛的保护色,隐藏在有浓密的叶子遮掩的树杈上,使捕食它们的动物只闻其声不见其踪影。"大头猴耐心地解释。

　　太阳下山了,小虎和大头猴寻找到山溪中间的一块大石,躺下过夜。夜间的森林中,有夜鹰的声声呼唤、猫头鹰的"咕噜咕噜"啼鸣。各种夜行动物纷纷出洞,去寻找自己需要的、喜欢的食物,或采摘野果,或捕捉猎物。热带雨林中的夜晚虽然没有白天那样喧嚣,却也没有一刻寂静。动物与动物之间还在黑暗中斗争,在杀戮;植物与植物之间的绞杀也没有因黑暗的到来而停止。

　　热带雨林是一座庞大的活的自然博物馆,小虎觉得,探访大象之行虽然一路艰辛险恶,但也增长了不少知识,见识了大自然的雄伟、神奇。

　　这就是原始森林。

对话趣谈·爷孙对话

🧒:爷爷,鹿类尾巴下面长出白颜色,有什么作用呢?

👴:因为鹿通常是晚上出来吃草,遇到危险只能靠奔跑逃生。为了让幼仔能跟着奔逃,母鹿逃跑时便翘尾巴,露出尾下的白色,像打出一面小白旗,幼鹿只管跟着白点跑就不会掉队。

听猿啼，小虎寻访歌手

天黑前，小虎和大头猴选择在山溪边的大石山睡觉。睡梦中，小虎觉得林中异常热闹。它睁开眼睛，天亮了，林中大大小小、各种各样的鸟和松鼠苏醒后的叫声、歌声、吵闹的声音交织在一起，其中有一种歌声特别嘹亮、高亢、热闹，连长期生活在大森林中的大头猴都不知道是什么动物——因为它从来没有到过原始森林。

大头猴和小虎急于知道是谁的歌声，就朝发出歌声的密林方向走去。它们艰难地穿越许多矮小的树枝和藤条的阻挡，气喘吁吁地接近目标。不久，远远看见一株大树上有动静，视野中有黑影和黄影两种。潜行至树下细看，大头猴乐了，对小虎说："是我的堂兄弟哩。"

小虎有点怀疑："你们的外貌是有点相像，但它们的手臂那么长而你的手臂这么短，相差太远了吧。"

"对呀，它们就是长臂猿。"

"是吗？可是它们还有两种颜色啊？而且，它们不论长幼，眉毛都是白色的呢。"大头猴摸摸头说，"这个，这个我也不知道怎么回事。"

长臂猿

大头猴和小虎正猜测着呢,猿却停止了歌唱。大头猴大声喊道:"喂!猿兄弟,你们好吗?"

长臂猿首领见是猴子向它们喊话,说道:"猴老弟,前些天刚刚把你们赶走,今天怎么又回来啦?"

"猿兄,别误会,我是陪虎大哥来拜访你们的。虎大哥想知道你们今天为什么那么高兴,唱起歌来?"

"我们天天都很高兴,只要天气好我们天天都会一早起来就唱歌。你看,我们的森林那么辽阔,林子里一年四季都有好吃的水果和幼嫩的树叶,我们不愁吃喝,更没有什么动物敢欺负我们,我们是森林中的王子,所以我们天天把歌唱!"

大头猴听后不快地说:"猿兄,不要说大话哦,森林之王就在我的身边,赶快下来赔礼道歉吧。"听得所有的长臂猿一齐哈哈大笑。

长臂猿首领答道:"猴子,你生活在地上要听它的,称它为王。我们从来

寻访歌手

不下地，它又上不来，能管得着我们吗？我们天天唱歌，是因为在这里好吃好住、没有谁敢欺负我们。当然，我们也有担心的事，那就是自己的家族会不会受到另外一个家族的侵犯。所以，每天早上起床后第一件事情就是大家一起大声唱歌，向附近的猿群宣示我们的存在，我们的歌声所及就是我们的势力范围，其他猿群不得进入。"

小虎和大头猴频频点头，真是开了眼界。

对话趣谈·爷孙对话

- ：爷爷，为什么这种长臂猿眉毛是白色的？它们为什么有两种不同的体色呢？
- ：这种长臂猿叫做白眉长臂猿，在我国只有云南西部的高黎贡山才有分布。它们小时候不管雌雄全身都长黑色毛。雌猿长大后毛色逐渐由黑色转变成黄色，到性成熟时体毛完全变成金黄色，这就出现了两种毛色的白眉长臂猿。
- ：爷爷，长臂猿的手臂那么长，是不是长期生活在树上不下地活动的结果？
- ：是呀，你真聪明。
- ：爷爷，这是你给我讲了那么多动物与环境协同进化的故事告诉我的。这样说来，若是没有了原始热带雨林，长臂猿就无法生存啦。
- ：是的，即使还有原始森林，但没有足够广阔的、能够给长臂猿提供充足食物的热带雨林也不行。这就是世界上许多野生动物不断消失的原因。
- ：那就是说，动物所需要的环境消失了，依赖这种环境生存的动物也必然会灭绝，对吗？
- ：你说得很对。

想不到，植物也开杀戒

大头猴和小虎访问过长臂猿后，继续在森林中漫游。它们都被扑面而来、目不暇接的自然美景吸引。置身于这令人神往的大自然中，它们忘却了一切纷争、厮杀，尽情地呼吸林中的新鲜空气，享受自由自在的环境。

行进间，突然附近的林子里发出一声巨响，把它们吓了一跳，停下脚步细听。响声过后，林中又复平静。小虎建议过去探个究竟——原来是在一株大榕树旁倒下了一棵被榕树气根缠绕而死的大树。大头猴感慨地对小虎说："虎大哥，我以为动物与动物之间才会互相残杀，想不到植物与植物之间也有这种杀戮现象！"

植物间的绞杀

小虎也感叹一声说:"动物为了填饱肚子,不至于饿死,才不得不互相残杀,难道植物也为了自己的生存而绞杀邻居吗?"

地上有几只白蚁听老虎这么说,就接口答道:"是呀,在我们的森林中,各种各样的树长得密密麻麻,遮天蔽日,没有阳光对于植物来说就像你们没有食物一样,只有等死。"

小虎见小小的白蚁都知道植物需要阳光才能生存的道理,觉得奇怪,问道:"白蚁小弟弟,看来你对这片森林中发生的各种屠杀事件都很熟悉哟!"

白蚁得意地说:"嘿嘿,我长期住在这里,略知一二。"

"那请你告诉我,这棵大树是怎样被榕树绞死的,行吗?"

"嗯,这株绞杀树名叫高山榕,你们看,它上面是不是结了许多果实?"

小虎细看榕树,说:"是呀。"

"是不是有很多鸟儿和松鼠在吃果实?"

小虎再往树上仔细观察,答道:"是呀。"

"那些鸟儿吃了果实,四处飞行,把没有消化的果核带到各处其他树的枝杈上拉出来。种子在其他树上生出长长的气根,向地下伸插,扎根,然后又长出许多气根将这棵树捆缚起来,使树无法吸收水分,干渴而死。"

小虎追根问底:"大树死后怎么办?""嘿嘿,它便成了我们的食物,我们要多谢榕树爷爷,大家等这一天很久了!"

小虎听后,奇怪地问道:"白蚁小弟,难道你们想吃掉这株大树吗?"

白蚁更加得意地答道:"是呀,过一会儿,我们就会有成千上万的兄弟们到这里聚餐了。这一棵树,够我们吃上一年,一年后这棵大树就变成一堆肥料了,又能够为生活在这片森林的各种各样的植物提供养料。"

小虎觉得很新奇,笑问白蚁:"白蚁小弟,人人都说你们是害虫,如此看来你们还是有点好处喔。"

"那当然,人们只看到住在城市里的白蚁蛀食房屋,却看不见我们为森林当清洁工、制造肥料的功劳。"

小虎听后,若有所思,补充道:"你们还有一个功劳。""什么功劳?"

"你们为穿山甲提供食料呀!"白蚁小弟听后感到面红耳赤,不好意思地答道:"那是小弟们无可奈何的事了!"

丛林中，小虎重见雄鹰

小虎和大头猴在热带雨林中寻找大象的过程不断被随时发生的轶事耽搁，不觉又过了十多天，小虎心中不免有些焦急。

一天早上，大头猴正在树上摘野果，小虎自己留在洞穴里生闷气。苦思不得解决之时，它忽然想到了雄鹰，雄鹰与小虎离别前说过："遇到困难需要帮助时，向西边方向吼啸几声，我就会前来助你。"小虎想着想着就向着西方大山大声吼叫起来。不久，奇迹出现了，一只大鹰摇摇晃晃飞来，停歇到一棵大树前，扑翅卷起的风差点把大头猴从树上吹翻落地。大头猴见大鹰雄赳赳气昂昂的，十分威武，便主动向它打招呼："早上好！雄鹰大哥。"

"噢！猴妈，你好！"

大头猴见雄鹰叫它猴妈，忙说："我是男子汉，你为何叫我妈呀！"

雄鹰本来也觉得奇怪，几个月不见，猴妈怎么变年轻啦？于是，它赶忙道歉："对不起，我看错了。你不是这里的猴子吧？"

"不是的。我是从南边森林陪虎大哥过来的。你一大早出来干什么呀？"

"是虎兄弟叫我来的呀，刚才你没有听到它叫我吗？"

"噢！你就是虎大哥常说的雄鹰兄弟吗？"

"是呀！"

"走，见虎大哥去。"

大头猴把雄鹰带进虎穴，小虎见到雄鹰真的应声寻来相会，十分高兴，问雄鹰："脚伤治好了么？"

雄鹰答道："早被猴妈治好了，真的感谢你和猴妈救命的大恩！"

小虎说："小事一桩，不足挂齿。但奇怪，我吼了几声你就飞来了，难道

虎鹰再相聚

你就住在附近吗?"

"是的,我的脚伤好后,猴妈不放心你自己在外面生活,叫我暗中跟着你,遇到困难时可以及时帮助。"小虎对猴妈的关心无限感激,对雄鹰如此珍惜爱护朋友也十分敬佩!

小虎说:"叫你来是因为遇到一些困难。"

"有什么困难请直说无妨。"

大头猴在一旁插口道:"我们想去找大象,却一直找不到,不知道它们在哪里。"

"原来如此,我知道它们在哪里,我带你们去。"

但雄鹰接着说:"路线我是知道,但是,你们不会飞,走地面要经过三处难关呢。"

"什么难关?"

"第一道是土蜂山,那里满山遍野都有土蜂窝,我可以飞过去,你们就走不过去了。"

"第二道是什么关？"

"是狼牙山，此山中有许多狼居住，没有动物敢进那座山的。第三关是花豹山，那里居住着许多金钱豹。"

大头猴听后几乎失去了前进的信心，问小虎道："虎大哥，你说怎么办？"

小虎深感路途险恶，困难重重，但想到自己出来就是为了经风雨、见世面，不能因为有困难就畏缩不前，况且现在又多了雄鹰的支持和帮助，应该迎难而上。便对大头猴说："大头猴，现在有雄鹰大哥带路，你就回野果山去吧。"

大头猴听小虎这么说，急了："虎大哥，只要你决定去，我是绝对陪伴你的。"

雄鹰见两位都信心十足地要朝前走，便建议立即动身："那我们走吧，晚上可以在枇杷山过夜，那里有许多香甜的山枇杷，大头猴可以饱食一顿；也有不少果子狸，虎兄弟也可以捉来充饥。我捡些虎大哥的残食就足够了。"

雄鹰在天上飞，小虎和大头猴在地上行，三个好朋友结伴上路，向着枇杷山进发。

宿果林，蝙蝠屎淋小虎

小虎一行翻山越岭，来到枇杷山已是黄昏，夕阳已经落下山去，火红的余晖照射着西方半边天。满山遍野的枇杷树上结满枇杷，熟透了的红黄色枇杷十分显眼，把大头猴引得直流口水。因为猴和鹰都无法夜晚行动，大家决定在此山过夜。枇杷山比较干燥，没有可怕的山蚂蟥，小虎和大头猴就选在一株大枇杷树下休息，雄鹰则高居树上。

大头猴先上树饱餐一顿；小虎则在地上休息，静待黑暗的到来。渐渐的，夜色降临，天空一轮明月高挂，群星闪烁。住在枇杷山中的果子狸忍不住一天的饥饿，早早就来到树上吃枇杷，被雄鹰逮个正着，将它喉咙咬断后丢下树给小虎吃。不一会儿，又来了一只果子狸，雄鹰正想前去抓捕，突然天空吹来一阵大风，黑压压一群吃果子的蝙蝠飞落到树上，把雄鹰和大头猴吓了一跳，果子狸也乘机逃走了。

几百只蝙蝠在树上一边吃果，一边排便，粪便像下雨般淋在大头猴和小虎身上。它们急忙离开，到水溪里去洗掉粪臭，又叫上雄鹰一起转移到一株松树上去休息。

小虎问雄鹰："雄鹰大哥，你是鸟中的大王，你在树上站着为何那些鸟还

来到枇杷林中

宿果林遭蝙蝠屎淋

敢飞来和你争食呀?"

"虎兄弟,你误会啦,那些不是鸟,是你们兽类大家族里的蝙蝠。"

"可它们就像你们鸟类一样从天空上飞过来的呀。"

"它们是会飞,但它们不是像我们鸟类那样产蛋繁殖后代,而是像你们兽类一样生儿育女,用奶头哺乳,所以属于哺乳动物。"

"噢!这样我懂啦!原来我们兽类大家庭里还有一个会飞行的大家族(蝙蝠目)。"

大头猴在一旁听着,有些不解地问道:"雄鹰大哥,你称霸天空就管不了它们吗?"

"管不了,但我对它们的生活情况也略知道一些。"

大头猴不知道夜行性动物的底细,就追根究底道:"趁我俩洗湿了身还不能睡觉,你就给我们讲一讲关于蝙蝠的故事,好不好?"

"好吧,就把我知道的一些告诉你们吧!"

雄鹰清清嗓子说道:"这一群是蝙蝠中的一种,叫果蝠,都是集群而居,群体活动。在西双版纳热带雨林中有不少石灰岩洞穴,里面居住着成千上万的果蝠。有一次,天刚入夜,我正好在一座蝙蝠洞门前盘旋,见到了成千上万的果蝠争先恐后地从洞口飞出,就像一股黑色风暴从洞中喷射而出,形成一条粗大的黑线伸向森林。这条由许许多多果蝠组成的黑线,足足在空中停留了二十多分钟才消失。你们知道其中有多少只蝙蝠吗？"

"哎呀！起码得有上万只。"大头猴感叹地说，"不过，那么多蝙蝠一齐飞出去觅食能找到食物吗？"

雄鹰知道大头猴和小虎刚到西双版纳，还不知热带雨林有多么广阔，就耐心地对它们解释："热带雨林就像林海，无边无际，非常广阔，一两万只蝙蝠在其中觅食等于沧海一粟，你看刚才它们飞进一棵树，几分钟就风卷残云一般吃完这棵树上的果，接着又飞去另一棵树。而像这样大群果蝠群居一洞的现象也只有在热带雨林中才有出现。"

小虎听到这里也忍不住问道："它们晚上出来觅食，飞行速度这么快，靠一双眼睛能行吗？"

"据我所知，蝙蝠夜间飞行不是靠眼睛，而是靠嘴巴和耳朵。"大头猴表示不信。

雄鹰即刻起飞，在天空捉来一只正在空中捕捉昆虫的小蝙蝠，指着蝙蝠的脸问大头猴："你看这只蝙蝠的眼睛只有芝麻点大小，能看见空中飞来飞去的蚊虫吗？"大头猴挠挠头没有回答。雄鹰继续说："显然是不可能，它们是靠嘴里发出的超声波，耳朵接收猎物的回声后定位实施捕捉的。"

大头猴道："小小的蝙蝠居然用上高科技啦？"

"这个我就搞不清了！更加神奇的是，有些被捕食的昆虫还会发出干扰蝙蝠超声波的声音，使蝙蝠无法定位而实施准确捕捉。据说，人类研究出超声波和回声定位的成果还是向那些小蝙蝠学习的呢！"

小虎在一旁听得津津有味。世界上无奇不有，真是学海无涯呀。小虎对雄鹰说道："谢谢雄鹰大哥介绍关于蝙蝠家族的趣事，不然我们同属兽类大家庭却还不知道这些事哩！"

蝙蝠

土蜂山，群燕助虎闯关

　　三个朋友在枇杷山上一觉醒来，东边山顶的上空刚刚出现鱼肚白。雄鹰在附近捉了一只野兔饱餐，还留下大半只给小虎作早点。大头猴赶快爬上树摘食枇杷，饱后又摘了几个果塞满嘴角的颊囊储藏起来，原来瘦瘦的猴脸变得胖乎乎的，逗得雄鹰哈哈大笑。大头猴想回敬雄鹰两句都无法开口。小虎知道大头猴想说什么，替它说道："笑什么，到没有吃没有喝的时候不要向我要哈。是这个意思吗？"大头猴笑着点点头。

　　它们逢山过山，遇水涉水，很快就到了土蜂山下。尽管"冬至"已过，在阳光下行走还是热得难受。雄鹰无需走路，飞一程，落在树上等它们一程，有时见到野兔或其他小动物还会顺手牵羊捉来充饥。大头猴见小虎走路热得把带刺的虎舌长长地伸出口外，知道它一定是口干舌燥了，就从颊囊中取出一只枇杷给它解渴。

　　来到土蜂山脚，太阳已经西斜。只听山上群蜂的叫声隐约传来，越走近山，嗡嗡的蜂鸣声越大，已经可以看到许多比蜜蜂更大的黄蜂在山上飞来飞去。见此情况，大头猴吓得"哇哇"大叫，举步不前。小虎也不敢贸然上山，站立不动，苦思对策。

　　雄鹰见状，走近前去对小虎说："虎兄弟不必担心，我来想法破解黄蜂，让你们安全过去。现在你和大头猴在这里等一等，我去去就来。"雄鹰说完马上张开翅膀起飞，很快便消失在空中。

　　小虎和大头猴到树荫下等待。不到一个小时，空中便传来雄鹰的呼啸声，循声望去，只见一个黑点在远处的天空飞翔，越来越大，慢慢地看到雄鹰扇翅飞来，它的身后还跟着黑压压一大片黑色的飞"云"。正在惊疑中，却见那片黑色飞"云"很快扑向了土蜂山。此时，才看清楚这是无数的燕子，唧唧欢叫着，张开扁阔的嘴巴捕食黄蜂。

一大群燕子在山上捕食黄蜂，给整座山染上了一层黑色，黄蜂到处飞逃，燕子张开嘴巴捕食。青山变成黑海，像无数鱼儿欢腾跳跃在黑海……飞燕捕食黄蜂的情景不到半个小时便结束了。山上没有嗡嗡的蜂声，只有唧唧欢叫的燕子声。雄鹰大声感谢群燕道："燕子朋友们，你们的任务完成了。谢谢大家！"

燕子们也齐声答道："鹰大王，谢谢你叫我们来饱餐一顿。再见啦！"说完，群燕又一阵风似的飞走了。

山上的黄蜂顷刻之间便被燕子消灭，大头猴惊魂未定，激动不已，问雄鹰："鹰大哥，你去哪里找来那么多的燕子呀？"

雄鹰得意地说："这些燕子也和蝙蝠一样集群居住在一个大岩洞里，我平时到处飞行觅食，知道哪些洞住的是蝙蝠，哪些洞住的是燕子，所以很快就能找到它们。"

大头猴还有疑问："你们同是鸟类，为何长相却不相同？"

"我们都长有翅膀，会下蛋，会飞行，我们都是鸟类呀。"

"可是，你的嘴巴尖，是弯钩形，燕子的嘴巴却是扁平宽阔的。"

群燕助虎闯关

燕子

"是的,我们鸟类的嘴巴有许多不同的形状,不同的嘴形决定了我们所吃食物的不同。我有一副铁钩嘴是为了撕碎动物的躯体,我要抓大动物吃,所以还配上一对锐利弯曲的脚爪,才能抓捕动物。燕子长期捕食各种昆虫,尤其喜欢捕捉空中飞行的昆虫,所以就长出扁平宽阔的嘴,一张一合就能把飞虫吃下去。"

小虎感慨道:"真神奇!"

大头猴被黄蜂吓得手软脚疲,久久难以恢复,已无力上路。小虎就叫它骑到自己的背上,驮着它过山。

鹰大王，夜晚谈猫头鹰

上山后，大头猴就跳下虎背自己行走。虎、猴走了一个多小时才翻过土蜂山，到狼牙山前已是日落西山的黄昏。

雄鹰说："虎兄弟，今晚我们就在这里过夜吧。你今晚必须吃饱睡好，养足精神，明天过狼牙山必然会有一场恶战。"

"我知道，那些狼都是六亲不认的恶棍。"

它们找了一个僻静处休息。

小虎体力充沛，安顿好猴、鹰后便出去寻食，并很快就拖着一只黄猄回来。大家饱餐后入睡。万籁俱寂，只有夜晚出来觅食的动物偶尔发出一两声鸣叫，远处有时传来声声鹿鸣，偶尔也有黄猄的大声惊吠。最常听到的是夜鹰的啼鸣，还有一种"咕噜噜、咕噜噜"的怪叫声，更使森林中的夜晚增加了神秘感。

小虎睡不着，问雄鹰："雄鹰大哥，是谁发出咕噜噜的声音？"

"噢，是猫头鹰，它们也有利爪和铁钩嘴，以肉为食，只在晚上出来觅食。"

"为什么它们不像你们一样白天出来觅食呢？"

"因为它们的猎物是晚上

猫头鹰

夜谈猫头鹰

出来偷食农作物的老鼠。"

"抓老鼠？老鼠的耳朵那么灵，又跑得那么快，它能抓得到吗？"

"当然抓得到呀，因为猫头鹰飞行时可以一声不响。"

"这不可能吧，鼯鼠小弟飞行时不扑翅只滑翔都会发出呼呼的响声，何况猫头鹰还要扑翅而飞，怎么会没有声音呢？"

小虎把雄鹰问住了，它想了一会儿才答道："据人类科学家的研究发现，猫头鹰的翅膀结构与日间飞行的鸟类不同，它们的翅膀前沿和后沿的羽毛都具有可以消除声音的结构，所以它们飞行时不会发出一点响声，像黑夜的幽灵，就是从你的头顶飞过也感觉不到。"

雄鹰继续说道："所有夜晚出来捕食老鼠的、脸形像猫的鸟类，人类都叫它们猫头鹰。其实，它们有许多不同的种类，外貌都差不多，就是体型大小和羽毛的颜色有些不同。因为它们以鼠为食，所以深受农民的喜爱，人们给它们冠以了'飞将军''田园卫士''人类的功臣'等称号。"

小虎还有许多问题不解，又问："就算它们飞行无声，夜间要发现老鼠那些小动物也必须有很好的视力和灵敏的听觉，并不是那么容易捕到食物吧？"

"是的，从外表看，猫头鹰的耳朵只有两条裂缝，好像是个没有耳朵的聋子，但在那个裂缝四周布满了耳羽，面部羽毛呈放射状，形成'面盘'，耳羽和面盘就是它们的耳朵,这就扩大了声音的接收面,使它们的听觉特别灵敏,有'顺风耳'之称。"

小虎听后沉思不语,一会儿问道:"听得到还要看得到才能实施捕捉呀。"

"这是肯定的。它们两眼的结构也有利于夜晚视物。你知道,猫头鹰有两只像人一样长在脸上的大眼睛,还有一个能灵活转动的脖子协助它们扩大视线角度。"

"这只说明它们可以看得比其他鸟类更宽阔,并不说明视力了得呀。"

"至于它们为什么在夜间可以看清楚小小的老鼠,并准确地捕捉它们,我就说不清楚了。"雄鹰无奈地说。

大头猴在一旁听小虎和雄鹰聊天,自己插不上话,不知不觉就睡着了。雄鹰见夜已深,对小虎说:"虎兄弟,早点睡觉吧,明天还有一场恶战等着我们呢!"

对话趣谈 - 爷孙对话

:爷爷,为什么猫头鹰在夜间能准确地捕捉猎物呢?

:它们之所以能在夜间视物清楚,是因为它们眼睛中的视网膜细胞是由具有较好的微光视觉功能的视杆细胞组成,眼睛大瞳孔也大,使进入眼球内的光线量增多,视网膜上的成像率就清晰,可以在人类视觉亮度百分之十条件下清楚地追踪猎物。

狼牙山，猴助虎智胜狼

第二天，东边天刚发亮，雄鹰就和森林中的鸟类一样醒来，开始了一天的生活。雄鹰还有许多昨天晚上没有吃完的黄猄肉，不需要考虑去什么地方觅食，需要它考虑的是如何才能帮助小虎战胜凶恶的狼群。

雄鹰想：自己可以飞过去，大头猴可以从树上攀爬过去，只有小虎必须走路过山，难免与狼群战斗。大头猴帮不了忙，只有自己才能与虎兄弟协同作战。

太阳刚刚显露半个脸，它们各自饱餐后一起动身向狼牙山进发。小虎还没走到半山就有三五成群的恶狼拦住了去路。个个龇牙露齿，凶神恶煞般发出嗷嗷的警告声。小虎有过与群狐、群豺战斗的经验，知道擒敌先擒王。它看准一只领头的狼，便虎跃上前，准备落牙，不料狼十分机灵，一闪便躲了过去。狼是团队作战最有经验的群体，就像一支部队，个个听从指挥，勇敢参战。狼的体型比狐狸大，战斗力强，尽管小虎能轻易战胜一只狼，但是，四五只狼的合力围攻就足以令小虎难应付。

大头猴躲在树上，战战兢兢地看小虎被五六只狼围困在中间，左冲右突，都无法得手；雄鹰也急得在上空来回盘旋，不知如何才能帮助小虎。时间长了，小虎累得直喘粗气。那些饿狼看到即将到手的老虎都口水直流，合力围捕，精神抖擞。大头猴见状，急得在树上"哇哇"大叫，又不敢下树支援，忽然心生一计，大声对雄鹰喊道："雄鹰大

狼

狼牙山，猴助虎智胜狼

哥，赶快飞回昨晚的住地把我们吃剩的黄猄肉叼来喂狼。"鹰知道猴的计谋多，不假思索地飞回去把剩余的黄猄肉叼了回来。猴叫它把肉赶快丢下。狼群见天上掉下一大块肉，马上争先恐后前去抢食，一时放弃了对小虎的围攻。

这时，小虎拔腿往山上跑，大头猴也飞快地从树上转移到山顶，雄鹰在上空一步不离地紧随着它俩。谁知到了山顶又有一群狼把小虎团团围住了，还是一群饿狼。大头猴挠头苦思计策，现在已没有肉可以"调狼离山"了，怎么办？小虎还是被群狼围困住，始终无法突出群狼的包围圈，急得雄鹰在空中团团转，大叫："大头猴，快想办法呀！虎兄弟快挺不住啦！"

大头猴也急得"哇哇"直叫，刚刚"投肉调狼"之计起了作用，闯过了一关，现在去哪里能找到肉呀？叫雄鹰去捕捉显然是远水不能救近火。大头猴急得在树上团团转，烦躁得直摇树枝。它想到，小虎是猴王的救命恩人，恩人有难必须舍命相救，那就来一个"舍命救虎"吧！于是，它急忙远离狼虎交战之地，从树上跳落地下，大喊大叫着："虎大哥，咬死它们。"群狼见猴下地为虎助威，又见一时无法战胜小虎，便一窝蜂涌向猴，想先吃掉猴再与虎决战。大头猴见狼群转身向自己冲过来，立即高声呼叫小虎快跑，自己待群狼快接近时飞快上树逃避。

小虎用冲锋的速度越过山顶，翻过后山，雄鹰依然在空中飞行保驾。快到山下时又有一群饿狼向小虎围了上来。这群狼比前两次的群体还大，更加凶恶。为首的狼大声喝问小虎："可恶的白额吊睛虎（因为虎的眼眉上各有一块白斑），昨天我们才把你赶走，怎么今天又回来啦？"

小虎听狼说它们昨天赶走了虎，觉得奇怪："你们见到什么鬼啦，我昨天还在土蜂山呢，你们怎么会赶走我？"

"不是你是谁，一模一样。"旁边一只狼小声说，"就是个子稍小点。噢，是你的兄弟吧。"

"不可能，我的兄弟在东北地区呢。我今天只是借路经过，到前边去会一会大胖象。""噢！你是路过这里啊，我们以为你又要进我们的地盘争食呢。"

大头猴在一旁接口道："狼老哥，刚才有两群你们的兄弟拦住虎大哥的去路，都被虎大哥打败了，识相的就让开一条路让我们过去，以免一场血战。"狼老大见这只老虎个头确实比常来此地的老虎高大威猛，还是从北边过来的，能过前面两关的确不简单，而且仅仅是路过此处，就决定不加拦阻，放它们过去。

猴、虎、鹰顺利通过了狼牙山。

花豹山，鹰猴助虎擒豹

闯过狼牙山后，大家分别找寻食物，抓紧补充体力，以便闯过最凶险的难关——由金钱豹把守的第三关。

闯关那一天早上起来，晴空万里，阳光灿烂。小虎和猴、鹰向花豹山进发，不久来到山前，但见山高林密，间有悬崖峭壁。小虎让雄鹰飞上高空去侦察地形，选择进出山的道路。雄鹰飞到上空盘旋侦察，但见山山相连，山峰层叠，林木苍翠，间杂许多绿色草地，黄猄、鹿在吃草，野猪成群结队穿林而过，野生动物种类十分丰富，进出山的道路却只有一条，十分险峻，一夫当关，万夫莫敌。

雄鹰侦察回来向小虎汇报，大头猴在一旁听着，心中十分害怕。它听说金钱豹体型虽然比虎略小，但身佩小虎一样的武器，外形和虎相似，只是颜色和花纹不同，是非常凶恶残忍的动物。大头猴不禁打了个寒战，对小虎说："虎大哥，不如我们改道绕过去吧！"

小虎听大头猴这么说，知道它担心自己闯关有险，道："我知道多花几天时间可以绕过花豹山，但我出来就是为了见见世面，锻炼自己。武艺比较高强的兄弟都会过面、交过手了，剩下金钱豹还未曾会面。不管有任何困难和凶险，我都要闯过去，何况还有你们两位兄弟的协助呢。"

大头猴深感惭愧，硬着头皮道："我不怕，只是担心虎大哥。好吧，我陪虎大哥前去。"

小虎和大头猴直奔关口。守关的金钱豹雄赳赳、气昂昂地站在关门，见小虎过来即大声喝道："虎兄弟，我们不是有过协议，虎族不进本山觅食的吗？为何今天又上山来了？"

小虎答道："豹兄弟，你看错了，我不是生长在这里的东南亚虎，我是东北虎，

金钱豹

刚到贵山,想借路经过,去见见大象。我生在北方,从来没有见过牙齿几尺长、体重几千斤的野生动物呢。"

守门豹说:"你们可以绕道过去。我们的山是不准其他食肉动物经过的,免得进山争食。"

小虎继续劝说:"豹兄弟,我们从广东、广西一路走过来,已经筋疲力尽,求你借路让我们过去,我们绝对不会捕食你们山里的动物,更加不会赖在山上不走的。"

豹子不耐烦了,恶狠狠地说道:"不行就是不行,不用多说了。"

小虎见说理不通,决定硬闯。"那就得罪了!"说完即刻张牙舞爪冲杀上去。

豹子见小虎杀上来,并不害怕,也咆哮应战。它想到山中还有许多的豹子作后盾,便精神抖擞,主动出击,铁爪出鞘,对着虎面扑去。小虎曾身经百战,它沉着应付,爪来爪挡,或用铁尾横扫。咆哮声震天动地,把大头猴吓得赶快爬到树上,远离战场观看。

虎、豹厮杀在一起,难解难分,斗到100多回合时豹子才显出弱势,频频喘气。小虎却依然气定神闲,轻松应对。豹子感到自己不可能战胜小虎,便大

豹服输了

声吼叫,想请求支援。小虎也知道,如果再来一只豹子联合对付自己,就有点麻烦了。它马上奋力施展擒、抓之术,想要早些结束战斗。这样一来,豹子支持不住了,它知道虎不会上树,就赶快爬树躲避。大头猴见豹子上树了,显然是战败了,便高兴得哈哈大笑起来。豹听到树上的猴笑话自己,大怒,马上去追杀猴。大头猴见豹追赶过来,立即爬上高枝。树越高枝越细小,大头猴见豹追了过来,树枝被压得摇来摆去,就大声呼唤雄鹰。雄鹰飞过去,扇起一股大风,把豹子吹落跌到地上。这时,小虎一跃扑了过去将豹擒获。豹知道自己战败,闭上双眼等死。谁知小虎不但没有痛下杀手,反而把豹子扶起来,说声:"得罪了!"豹深受感动!这时,前来支援的一群金钱豹赶到,张牙舞爪地准备与小虎厮杀。守关豹连忙阻拦,还叫它们一起感谢小虎的不杀之恩,众豹疑惑不解,守关豹便将自己战败的过程向大家说了,大家都感谢小虎的情义,豹将军还决定亲自带小虎它们过山。

　　小虎它们有豹将军带路,一路轻松过关,再无阻挡。小虎看到花豹山中野猪成群,黄猄满地走,水鹿满山跑,各种野生动物都十分丰富,想到自己从广东山区到云南雨林的一路上，从未见到哪个山中生活着如此丰富的野生动物，就询问豹将军。豹将军答道："因为我们觉得一直捕食动物，终会有一天把野生动物捕尽杀绝，到那时我们就会无动物可捉，我们就会无法生存，这种'杀鸡取蛋'的狩猎方法是不可取的。为了保持长期有丰富的野生动物供我们捕食，我们豹家族共同制定出几条狩猎原则：一是杀公不杀母；二是杀大不杀小；三是吃饱不浪费。所以，这里的各种动物都不会捕尽杀绝，保持增长，因此达到持续利用的良性效果。"

小虎感叹："原来你们是采取计划管理、计划猎杀的方法。豹兄弟们真聪明！不过，第二和第三条好理解，杀公不杀母可就难办了！"

豹将军笑答道："有些动物的公母容易分，比如鹿，头上长角的就是公鹿，没有长角的除了母鹿就是不能捕杀的小鹿，这样就容易区分了。"小虎听后频频点头。

小虎一路欣赏美景，观察各种野生动物，还与豹将军认真交谈关于野生动物保护和持续利用的有效方法，不知不觉步出了花豹山。与豹将军别过后，它们一路向有大象栖息的森林走去。

会大象，朋友与虎惜别

　　小虎在猴、鹰的帮助下顺利通过三道难关，终于来到了有大象活动的地方。这些地方森林茂密，有象群活动过的地方，地面留下它们踩踏出来的路径，有许多被大象取食时折断的树枝和落叶，还有一大堆一大堆的粪便。小虎对雄鹰说："雄鹰大哥，你去侦察一下，看看象群在哪里活动，免得我们盲目寻找。"

　　雄鹰应声起飞，在高空盘旋搜索了一会儿落下，对小虎说："虎兄弟，我见到前面不远的树林里，有一头离群的大象，我领你们过去，大约走半小时可以到了。"

大象

在雄鹰带领下，它们很快找到了一头正在林中取食树叶的大象。小虎目睹这个巨大的动物，见到被它取食折断的粗大树枝，感受到了象的威力。大头猴虽然惊叹大象的神力，但当它见到大象那肥胖的身体和一步步缓慢的行动时，又觉得大象只不过是一堆会走动的肉，并不可怕。它自恃自己有灵巧的身体和聪明才智，决定去戏弄这头庞然大物。它从树林一树过一树飞速地攀越到大象取食的那株大树上，对大象喊道："喂！森林大王来了！你还不赶快前去拜见？"

大象见树上有一只瘦猴对自己无礼呼唤，笑答道："森林大王在此，你快快下来尝尝我鼻子的厉害吧！"

猴子听了也哈哈大笑道："你的鼻子虽然长而有力，只不过是用来取食而已，难道还可以杀我吗？"

"可以呀，用它杀你绰绰有余！"

猴子听说后又哈哈大笑，回答道："大笨象，有本事你就上树来杀我呀！"

大象当然不能上树，但也不笨。见到旁边有一棵小树，它脑子一转就笑脸对猴说："你到这棵小树去，我就上树给你看。"

猴见象说要上小树，更觉好笑，便飞快攀爬过去，还哈哈大笑，招呼象道："过来呀！我在这儿呢！嘿嘿！"猴不知是计，进了大象的陷阱。

只见大象大笑着跑到小树下，伸出长长的鼻子卷住树干，大喝一声："起！"把小树连根拔起！大头猴从树上掉下来，大惊失色，"哇哩哇啦"大喊大叫着飞跑上另一株大树。

小虎在一旁观看，觉得大象外表和行动看似很笨，却是很聪明。它恭恭敬敬地上前向大象施礼道："久仰大象威名，小虎特从广东森林前来云南拜访，今日一见，果然名不虚传。"

大象见虎对自己彬彬有礼，温文尔雅，有点奇怪，警惕道："你们以前见到我们总是虎视眈眈，一副想吃我们的样子，稍有疏忽，小象就会被你们吃掉。今天为何发起善心来了？莫非想麻痹我，也想把我咬死吃掉？"

小虎听大象说得莫名其妙，就问："象大哥，你看错了吧，我初到贵地，第一次见到尊容，那里曾吃过你们的小象？"

大象不知道小虎是从广东那边过来的东北虎，只觉得和这里的东南亚虎一模一样，便以为小虎在耍诡计骗它，十分震怒。只见它大吼一声，挥舞长鼻向小虎冲杀过去。小虎赶快闪身避开，并大声喊道："象大哥，你误会了！我真

象不欢迎小虎

的不是这里的老虎,不信你问问雄鹰,是它带领我们一路前来,一路上还经历了许多磨砺,来到这里才找到你的。"

一直站在一株大树上的雄鹰应声答道:"象大哥,眼前的虎的确不是东南亚虎,而是东北虎流落在广东的子孙,你们之间从来没有见过面。是我为了答谢虎兄弟对我救死扶伤的义举,为它带路来见你们的。"

大象听后仍然有点怀疑说:"它真的不会咬我们吗?"小虎听后有点委屈,道:"这次见面后我就回中南部山地生活,不再来打扰你们了。"大象还是不太相信小虎的话,说:"如果你说话是真的,就请你赶快离开这里。我们不欢迎你。"

小虎说:"我走过千山万水,来到此地,是想见到你们的群体活动,现在只见到你就离开,会感到十分遗憾!"

大象仍然不太相信小虎,随口答道:"我们的族群就在前面不远的河边。请便。但是如果你想打我们的主意,有你好受的。"

小虎让雄鹰在前面引路,很快就见到了一群象在河边戏水。认真细看,足有十多头大大小小的象挤在小河里,长长的象鼻子不断挥舞,有些象鼻还在喷射水柱,或射向天空,或淋向自己的庞大身躯,在尽情享受河水的清凉。

猴、虎、鹰没有走近前去,只远远地隐蔽观看。它们知道惹不起这些巨大的动物。心高气傲的小虎在大象面前感觉到了自己的渺小,感悟到猴王叫自己出门去见见世面的良苦用心,懂得了强中自有强中手,一山还有一山高的道理。

象群在水中玩够了就上岸,一个跟着一个漫步走向密林,还不时发出大声的吼叫。听着象的吼声,大头猴还心有余悸,吓得发抖,用哀求的口气对老虎说:"虎大哥,我们已经见到大胖象了,你又不想与它们比高低,就赶快走吧,好吗?"

雄鹰在一旁也附和道:"是呀!虎兄弟,见大象的任务已经完成了,我们就走吧!"

小虎沉默不语。它在想:大头猴和雄鹰都是为了带我来见大象才聚在一起的,现在任务完成了,是到了分手的时候了。想到前些日子风雨同舟、生死与共所产生的情谊,小虎内心十分不舍!但大家的生活习性不同,总要各走各路的。想到这些,小虎就说道:"谢谢你们一路的陪伴,谢谢你们帮助我闯过三道险关,咱们在此分手吧,以后有机会再见!"

小虎、雄鹰、大头猴为友谊走到了一起,经历了一段风风雨雨的日子,相互间产生了深厚的感情,如今达到了共同目标。大家要各自回到自己原有的生活中去了。雄鹰对小虎说:"虎兄弟,你坚强勇敢,又有救死扶伤的精神,令我

依依惜别

十分钦佩！你我生活习惯不同，我不能相伴你一生，愿你以后多加保重。有什么困难需要小弟帮助时，只要你向着高黎贡山大吼一声，我一定会前往协助的。"

雄鹰见大头猴在一边闷闷不乐，知道它也难舍难分，想到它对自己的善心一片，想到它们的"三英结义"壮举，就对大头猴说："大头猴，你跟虎兄弟闯荡江湖，天天吃大鱼大肉，身体结实粗壮了许多。我带你去高黎贡山，那里也有许多像你一样的猴子，你一定可以在那里称王称霸，不必再回以前的野果山了，好不好？"

大头猴听了雄鹰的建议深受感动，骑上雄鹰背，它们对小虎说了一声"再见"，便振翅起航，飞向高黎贡山。

小虎默默地送别两位好朋友，向着更深的山林走去。

对话趣谈 - 爷孙对话

：爷爷，以后老虎就和大象和平共处了吗？

：虎、象虽不相斗，但猎人却利用大象不怕老虎的特点骑象寻找老虎猎杀，它们之间还是有点仇隙的。